Electron 项目开发实战

[美] 丹尼斯·维卡　著

张　弢　译

清华大学出版社

北　京

内 容 简 介

本书详细阐述了与 Electron 项目开发相关的基本解决方案，主要包括构建 Markdown 编辑器，与 Angular、React 和 Vue 集成，构建屏幕截图剪裁工具，制作 2D 游戏，构建音乐播放器，分析、Bug 跟踪和许可机制，利用 Firebase 构建群聊应用程序，构建 eBook 编辑器和生成器，构建桌面数字钱包等内容。此外，本书还提供了相应的示例、代码，以帮助读者进一步理解相关方案的实现过程。

本书适合作为高等院校计算机及相关专业的教材和教学参考书，也可作为相关开发人员的自学用书和参考手册。

北京市版权局著作权合同登记号 图字：01-2020-6422

图书在版编目（CIP）数据

Electron 项目开发实战 ／（美）丹尼斯·维卡著；张弢译. —北京：清华大学出版社，2022.2
书名原文：Electron Projects
ISBN 978-7-302-59807-7

Ⅰ．①E… Ⅱ．①丹… ②张… Ⅲ．①程序开发工具 Ⅳ．①TP311.561

中国版本图书馆 CIP 数据核字（2022）第 000758 号

责任编辑：贾小红
封面设计：刘　超
版式设计：文森时代
责任校对：马军令
责任印制：宋　林

出版发行：清华大学出版社
　　网　　址：http://www.tup.com.cn，http://www.wqbook.com
　　地　　址：北京清华大学学研大厦 A 座　　　　邮　编：100084
　　社 总 机：010-83470000　　　　　　　　　　邮　购：010-62786544
　　投稿与读者服务：010-62776969，c-service@tup.tsinghua.edu.cn
　　质量反馈：010-62772015，zhiliang@tup.tsinghua.edu.cn
印 装 者：北京嘉实印刷有限公司
经　　销：全国新华书店
开　　本：185mm×230mm　　　印　张：23.5　　　字　数：469 千字
版　　次：2022 年 3 月第 1 版　　　印　次：2022 年 3 月第 1 次印刷
定　　价：119.00 元

产品编号：087117-01

译 者 序

  Electron 是一个开源框架,并利用 Web 技术栈(HTML、CSS 和 JavaScript)构建跨平台应用程序。

  Electron 由 GitHub Inc.开发并维护,自 2013 年 7 月 15 日作为 Atom 编辑器发布以来,其贡献者社区一直处于活跃状态。最初,该项目命名为 Atom Shell,随后 GitHub 将其重命名为 Electron,并将作为独立项目发布。

  Electron 整合了 Chromium 和 Node.js,前者是谷歌 Chrome 浏览器和谷歌 Chrome OS 背后的开源项目,后者则是基于 Chrome V8 JavaScript 引擎构建的 JavaScript。

  自发布以来,Electron 框架即赢得了开发人员的喝彩。许多流行的应用程序都是采用 Electron 构建的,如 Skype、Slack、WhatsApp、Discord、Signal、Visual Studio Code、Microsoft Teams、Keybase 等。读者可查看 Electron 应用程序的官方列表,其中包含了 700 多个条目,而且数量还在不断地增加。

  本书将引领读者设置、配置、构建和发布 Electron 应用程序,并提供进一步的实战经验。其间,我们将构建多个项目、处理各种挑战和问题,并将 JavaScript 框架与底层工具链集成。其中包括构建 Markdown 编辑器,与 Angular、React 和 Vue 集成,构建屏幕截图剪裁工具,制作 2D 游戏,构建音乐播放器,分析、Bug 跟踪和许可机制,利用 Firebase 构建群聊应用程序,构建 eBook 编辑器和生成器等内容。

  本书由张弢翻译。此外,张华臻、刘祎、张博、刘晓雪、刘璋也参与了本书的部分翻译工作,在此一并表示感谢。

  由于译者水平有限,错漏之处在所难免,在此诚挚欢迎读者提出任何意见和建议。

译 者

前　　言

本书将引领读者设置、配置、构建和发布 Electron 应用程序，并提供进一步的实战经验。其间，我们将构建多个项目、处理各种挑战和问题，并将 JavaScript 框架与底层工具链集成。

适用读者

本书面向初学者或有经验的 Web 开发人员。读者应具备 HTML、CSS 和 JavaScript 方面的基础知识，并熟悉 React、Angular 或 Vue.js 框架之一。

另外，本书不要求桌面开发方面的前期知识。

本书内容

第 1 章准备开发环境并开始 Electron 开发。

第 2 章引领读者熟悉典型 Electron 应用程序的主要构造模块。

第 3 章介绍前端 JavaScript 框架，如 Angular、React.js 和 Vue.js，以及如何将其集成至 Electron 应用程序中，以构建跨平台的桌面应用程序，进而通过站点共享代码库。

第 4 章考查如何与 Electron 中的本地图像捕捉 API 协调工作、系统托盘集成和键盘处理机制。

第 5 章讨论一个有趣的 JavaScript 游戏引擎，并处理游戏循环、加载外资源，以及处理 Main 和 Renderer 进程间的通信。

第 6 章将构建一个包含播放列表和定制专辑封面的桌面音乐播放器。

第 7 章针对在生产中监控 Electron 应用程序、跟踪错误和崩溃、分析实时用户群提供了必要的信息。

第 8 章创建一个具有群聊功能的 Electron 应用程序，针对移动应用程序集成 Google

Firebase 服务、配置 Google Authentication，并在云中存储应用程序数据。

第 9 章将创建一个简单的跨平台图书编辑器，并利用 Docker 生成 PDF 和 ePub 图书，随后在独立的 Electron 窗口中预览 PDF 文件。

第 10 章将开发一个简单的数字钱包应用程序（与外部服务集成），并连接至运行于本地的服务器。

发布周期

从 2019 年 5 月 13 日开始，Electron 项目的发布周期改为 12 周。读者可访问官方文档查看详细内容，对应网址为 https://electronjs.org/blog/12-week-cadence。

缩短发布周期意味着我们可更快地获取新特性、修复 Bug 和安全问题。当然，这也意味着，本书出版后很可能会发布新的 Electron 版本。

好消息是，Electron 团队支持最近的 3 个主要版本。对此，读者可访问 https://electronjs.org/docs/tutorial/support#supported-versions 查看时间表和更多细节内容。另外，通过输入下列命令，我们还可以方便地将应用程序项目更新至 Electron 的最新版本：

```
npm install electron@latest
```

关于每个版本的详细信息，这里建议关注 Electron 团队的博客，对应网址为 https://www.electronjs.org/blog。

背景知识

读者应了解 Node.js（https://nodejs.org/en/）及其基本命令，如 npm install。

偏好 Angular 的读者需要了解与 Angular CLI 相关的细节信息（https://cli.angular.io/）及其命令。

针对 React 开发，读者应了解 Create React App（https://github.com/facebook/create-react-app）工具。

对于 Electron 开发，当使用 Vue.js 框架时，Vue CLI（https://cli.vuejs.org/）应用程序文档包含了丰富的细节信息和示例。

下载示例代码文件

读者可访问 www.packt.com 并通过个人账户下载本书的示例代码文件。无论读者在何处购买了本书，均可访问 www.packt.com/support，经注册后我们会直接将相关文件通过电子邮件的方式发送给您。

下载代码文件的具体操作步骤如下。

（1）访问 www.packt.com 并注册。

（2）选择 Support 选项卡。

（3）单击 Code Downloads。

（4）在 Search 搜索框中输入书名。

当文件下载完毕后，可利用下列软件的最新版本解压或析取文件夹中的内容。

❑　WinRAR/7-Zip（Windows 环境）。

❑　Zipeg/iZip/UnRarX（Mac 环境）。

❑　7-Zip/PeaZip（Linux 环境）。

另外，本书的代码包也托管于 GitHub 上，对应网址为 https://github.com/PacktPublishing/Electron-Projects。若代码被更新，现有的 GitHub 库也会保持同步更新。

读者还可访问 https://github.com/PacktPublishing/并从对应分类中查看其他代码包和视频内容。

🛈图标表示警告或重要的注意事项。

💡图标表示提示信息和操作技巧。

读者反馈和客户支持

欢迎读者对本书提出建议或意见。

对此，读者可向 customercare@packtpub.com 发送邮件，并以书名作为邮件标题。

勘误表

尽管我们希望做到尽善尽美，但不足依然在所难免。如果读者发现谬误之处，无论是文字错误抑或代码错误，还望不吝赐教。对此，读者可访问 http://www.packtpub.com/submit-errata，选取对应书籍，输入并提交相关问题的详细内容。

版权须知

一直以来，互联网上的版权问题从未间断，Packt 出版社对此类问题异常重视。若读者在互联网上发现本书任意形式的副本，请告知我们网络地址或网站名称，我们将对此予以处理。关于盗版问题，读者可发送邮件至 copyright@packtpub.com。

若读者针对某项技术具有专家级的见解，抑或计划撰写书籍或完善某部著作的出版工作，可访问 authors.packtpub.com。

问题解答

若读者对本书有任何疑问，均可发送邮件至 questions@packtpub.com，我们将竭诚为您服务。

目　　录

第 1 章　构建第 1 个 Electron 应用程序

本书目标是引领读者设置、配置、构建和发布 Electron 应用程序，并提供相应的实战经验。我们将学习如何构建多个项目、处理常见的挑战和问题，以及如何集成 JavaScript 框架和底层工具链。

本章将简要介绍 Electron 框架及其历史和架构。我们将学习多平台安装的预备知识、编写基于 Node.js 和 NPM 的第 1 个 Electron 项目，并学习如何将应用程序打包至各种平台。

在阅读完本书后，我们将拥有基本的项目模板，以供后续操作任务使用。

本章主要涉及以下主题。

❑　Electron 是什么。

❑　准备开发环境。

❑　创建简单的应用程序。

❑　多平台打包。

1.1　技　术　需　求

当开始构建 Electron 应用程序时，我们需要一台运行 macOS、Windows 或 Linux 的笔记本电脑或桌面电脑。

在深入讨论 Electron 开发之前，需要在所选平台上按照需要的条件做好准备。对此，我们将主要介绍 macOS、Ubuntu（Linux）和 Windows 这 3 种主要平台。

另外，本章还需要使用下列软件。

❑　Git 版本控制系统。

❑　基于 Node Package Manager（NPM）的 Node.js。

❑　免费、开源的代码编辑器 Visual Studio Code。

读者可访问 GitHub 查看本章的代码文件，对应网址为 https://github.com/PacktPublishing/Electron-Projects/tree/master/Chapter01。

1.2　Electron 是什么

Electron 是一个开源框架，并利用 Web 技术栈（HTML、CSS 和 JavaScript）构建跨

平台应用程序。

Electron 由 GitHub Inc.开发并维护，自 2013 年 7 月 15 日作为 Atom 编辑器（针对 Linux、Windows 和 macOS 的免费开源代码编辑器）发布以来，其贡献者社区一直处于活跃状态。最初，该项目命名为 Atom Shell，随后 GitHub 将其重命名为 Electron，并将其作为独立项目发布。

Electron 整合了 Chromium 和 Node.js，前者是谷歌 Chrome 浏览器和谷歌 Chrome OS 背后的开源项目，后者则是基于 Chrome V8 JavaScript 引擎构建的 JavaScript。

Electron 使用 Chromium 作为前端，Node.js 作为后端，并提供了一组丰富的应用程序编程接口（API），允许开发人员构建共享相同 HTML、CSS 和 JavaScript 代码的跨平台应用程序。此外，Electron 还为我们提供了访问操作系统资源和特定平台特性的功能，并支持数千个 JavaScript 库和实用程序，我们可以使用该应用程序的 Node.js 部分。

自发布以来，Electron 框架即赢得了开发人员的喝彩。许多流行的应用程序都是采用 Electron 构建的，如 Skype、Slack、WhatsApp、Discord、Signal、Visual Studio Code、Microsoft Teams、Keybase 等。读者可访问 https://electronjs.org/apps 查看基于 Electron 应用程序的官方列表，其中包含了 700 多个条目，而且数量还在不断增加。

1.3　准备开发环境

针对每种操作系统，本节将考查 Electron 的安装过程。如果读者所采用的平台有所不同，则可略过本节内容。需要注意的是，如果需要测试应用程序的打包和部署如何跨平台工作，那么仍然需要使用多个操作系统。

记住，本书中应用程序项目的大部分代码都是通用的；对于特定的系统，不同的代码块或步骤将被突出显示并加以解释。

1.3.1　安装 Visual Studio Code

针对本书中的全部项目和示例，我们将采用 Visual Studio Code。这是一款基于 Electron 的免费、开源、跨平台代码编辑器。除此之外，读者还可免费使用 Atom、Sublime、Vim 或其他代码编辑器。

Visual Studio Code 的安装过程十分简单，鉴于 Electron 的支持，实际安装过程并无太多不同。具体安装步骤如下。

（1）访问 https://code.visualstudio.com/，随后会显示针对当前操作系统的安装包，如

图 1.1 所示。此外还可从版本列表中进行选择。

图 1.1

（2）单击 Download 按钮，并针对 macOS 获取.dmg 安装程序；针对 Windows 获取.msi 文件；或者针对基于 Debian 的 Linux 版本获取.deb 包。

（3）运行对应的文件并遵循相关指令。在安装过程中，我们无须执行任何自定义设置。

如果打算使用 Ubuntu Linux 进行开发，那么安装过程要比其他操作系统简单一些。

当采用 Ubuntu Linux 作为开发主机时，可从 Ubuntu Software Center 处下载 Visual Studio Code。对此，仅需在搜索框中输入 code 或 visual studio code 即可，随后将获得对应数据包的链接。

ℹ️ 注意：

Visual Studio Code 还包含一个 Insiders Version。该版本每日更新，且适用于希望查看最新特性的、富有经验的开发人员。如果读者刚刚接触 Visual Studio Code，建议使用常规版本，因为这将比 Insiders 版本更加稳定。

1.3.2　针对 macOS 设置环境

本节将讨论如何针对 macOS 安装和配置所需的软件。如果读者正在使用 Linux 或 Windows 平台，则可略过本节内容。

1. 在 macOS 上安装 Git

所有 macOS 版本均预安装了 Git。对此，可启动 Terminal 并输入下列命令进行验证。

```
git --version
```

输出结果如下。

```
git version 2.17.2 (Apple Git-113)
```

ⓘ 注意：

如果用户系统中的 Git 版本与当前示例中的版本不同，并不会产生任何问题。

2. 在 macOS 上安装 Node.js

接下来将安装 Node.js 和 NPM。读者可访问 https://nodejs.org/en 获取所需的安装包。

ⓘ 注意：

Node.js 通常包含两种版本，即 Long-Term Support（LTS）版本和 Current 版本。前者适用于大多数用户，而后者则提供了高级特性和增强内容。

（1）首先需要下载和安装 Node.js。对此，站点可自动检测浏览器和平台，并推荐相应的下载包。对于 macOS，图 1.2 显示了 Download for macOS (x64)标签和两个下载按钮。

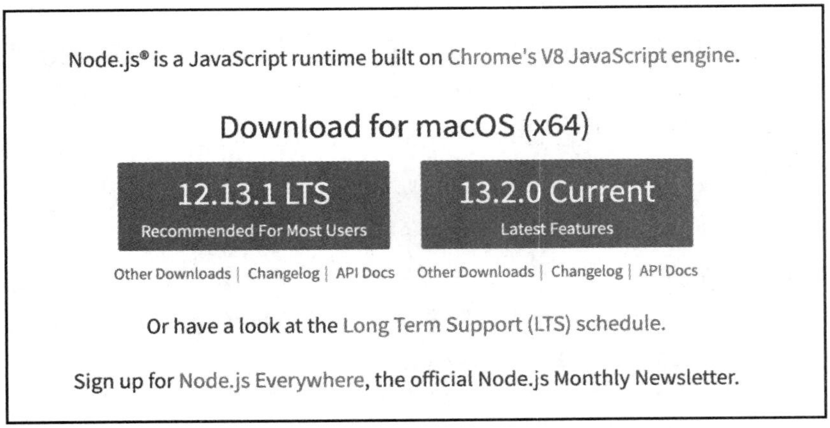

图 1.2

（2）我们可以选择任何版本并单击对应的按钮获取安装包。macOS 平台的安装过程较为直观，其间可保持全部默认设置，并执行安装向导中的各项步骤，直至安装结束。

（3）在 Terminal 应用程序中，运行下列命令并验证 Node.js 和 NPM 是否已经成功地安装在机器上。

```
node -v
npm -v
```

（4）系统的输出结果如下所示（对应版本可能有所不同）。

```
v12.13.0
6.12.1
```

至此，我们已经成功地在 macOS 上安装了 Node.js。

1.3.3　针对 Ubuntu Linux 设置环境

尽管之前的 LTS 版本工作良好，但本节将使用最新的 Ubuntu 18.10 桌面版本。对于未使用 Linux 平台的用户，可直接阅读 Windows 或 macOS 设置部分。然而，当针对 Electron 应用程序测试跨平台部署时，本节内容仍然十分有用。

1. 在 Ubuntu 上安装 Git

通过运行下列命令，可检查是否已经安装了 Git。

```
git --version
```

通常情况下，Git 不会出现在新安装的 Ubuntu 上。对此，可运行下列命令获取 Git。

```
sudo apt install -y git
```

🛈 注意：

此处需要输入管理员密码。

2. 在 Ubuntu 上安装 Node.js

Ubuntu 通常并不会安装 Node.js 和 NPM，因而需要分别对其进行安装。
当安装 Node.js 时，可执行下列步骤。
（1）运行下列命令。

```
sudo apt install -y nodejs
```

（2）验证 Node.js 是否已被成功地安装。通过输入下列命令，可在 Terminal 应用程序中检查所安装的版本。

```
node --version
```

系统的输出结果（即版本号）应为 v8.11.4 或更高。

当安装 NPM 时，可遵循下列步骤。

（1）运行下列命令。

```
sudo apt install -y npm
```

（2）检查 NPM 安装的最快方法是查看其版本。对此，可输入下列命令。

```
npm --version
```

对应的版本号应为 5.8.0 或更高。

1.3.4　针对 Windows 设置环境

本节将针对 Windows 10 考查各项安装工作。

此处建议在 Visual Studio Code 安装完毕后安装 Git，因为 Git 设置向导支持二者间的集成。

Windows 10 上的 Git 安装过程与 macOS 和 Ubuntu 稍有不同。具体步骤如下。

（1）访问 https://git-scm.com，该站点可检测用户所在的平台并提供相应的版本。

（2）单击 Download 2.20.1 for Windows，文件下载完毕后即可运行安装包。

（3）Windows Git 安装程序针对用户设置了各自的默认项。遵循相关设置直至到达 Select Components 对话框。

（4）此处建议选择 Use a TrueType font in all console windows 选项，如图 1.3 所示。

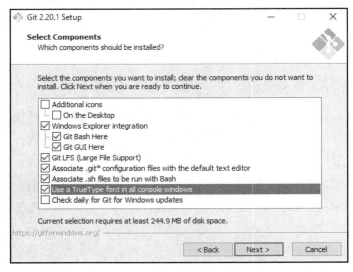

图 1.3

作为可选项，这有助于改进可读性。

（5）继续执行安装步骤并使用预定义设置项，直至到达 Choosing the default editor used by Git 对话框。

（6）如果已经安装了 Visual Studio Code，此处强烈建议从下拉列表框中选择 Use Visual Studio Code as Git's default editor 选项，如图 1.4 所示。

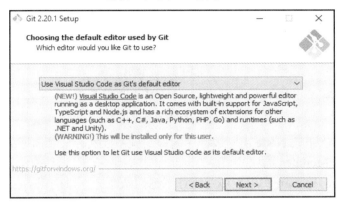

图 1.4

（7）在后续对话框中接受全部默认项，直至安装结束。

1.3.5　在 Windows 上安装 Node.js

一旦 Visual Studio Code 和 Git 处于就绪状态，即可在 Windows 上安装 Node.js 和 NPM。

（1）访问 https://nodejs.org/en 并获取相应的安装程序。注意，该站点可检测用户所处的平台，并推荐相应的安装包。对于 Windows，可以看到 Download for Windows (x64) 标签和两个按钮，分别对应于 LTS（即稳定的 LTS 版本）和 Current 版本（包含最新特性）。

（2）下载并运行安装文件。遵循安装向导中的默认设置（对应的设置项通常较为合理）。

作为可选项，在 Tools for Native Modules 对话框中可选择允许安装工具集，以便能够编译本地模块，如图 1.5 所示。

本地模块选项指示安装向导在安装 Node.js 之后下载并配置所有必要的工具。

🛈 注意：

附加工具需要占用约 3 GB 的磁盘空间，同时花费几分钟的时间进行安装。但我们依然建议安装这些工具，因为针对系统集成的第三方模块和库可能会用到这些工具。

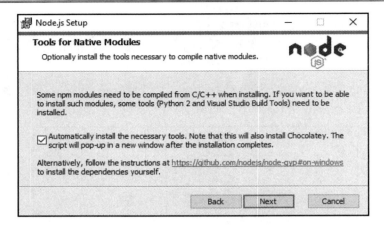

图 1.5

此外，还可再次下载 Node.js 安装程序的最新副本，执行安装向导的各项步骤，并选择 Tools for Native Modules 选项。

启动 Command Prompt 实用程序并执行下列两条命令，以确保 Node.js 和 NPM 已经安装在机器上。

```
node --version
npm --version
```

系统的输出结果如下。

```
v12.13.0
6.12.1
```

🛈 注意：

取决于所下载的发布包，对应的版本可能会发生变化。在本书编写时，有必要查看命令输出结果进而验证对应工具已经安装成功，而不是仅仅查看工具的版本号。

至此，我们介绍了 Windows、macOS 和 Linux 系统中的 Node.js 和 NPM 安装过程，以便可开始着手编写一个简单的应用程序项目。稍后将讨论最低配置过程，进而开始启动一个项目。

1.4　创建一个简单的应用程序

本节将利用 Electron 编写一个 Hello World 应用程序，经打包后查看该程序在所有平台上的运行状况。

（1）在项目文件夹中创建一个名为 my-first-app 的目录，并访问该目录，如下所示。

```
mkdir my-first-app
cd my-first-app
```

（2）利用 NPM 工具初始化新项目，如下所示。

```
npm init
```

ⓘ **注意：**

NPM 将询问用户一系列问题，如项目名称、用户描述内容、版本、作者信息和证书。对此，可随意填写信息。对于首个示例项目，我们可确定所需的任何值。

如果希望使用单个命令并使用合理的默认值进行快速设置，那么可以采用相同的命令和-y 开关，进而指示 NPM 接受所有的问题并使用预定义的值，如下所示。

```
npm init -y
```

NPM 将生成一个名为 package.json 的文件，如下所示。

```
{
  "name": "my-first-app",
  "version": "1.0.0",
  "description": "",
  "main": "index.js",
  "scripts": {
    "test": "echo \"Error: no test specified\" && exit 1"
  },
  "keywords": [],
  "author": "",
  "license": "ISC"
}
```

用户可根据需要随意更新描述内容、版本、证书和其他字段。

注意，main 字段值为 index.js，这意味着 NPM 的主入口点和 Electron 应用程序对应于该文件，接下来我们将快速创建该文件。下面首先针对当前项目安装 Electron 框架库。

（1）运行下列命令。

```
npm i -D electron
```

（2）查看 package.json 文件可以看到新增部分为 devDependencies，其中包含了一个

Electron 库。取决于 Electron 发布的频率，其版本可能会发生变化。

```
{
  "devDependencies": {
    "electron": "^7.0.0"
  }
}
```

（3）在项目的根文件夹中创建 index.js 文件。

（4）下面考查运行 Electron 窗口的最小化代码。下列代码片段描述了需要在 index.js 文件中执行的步骤。

```
// 1. import electron objects
const { app, BrowserWindow } = require('electron');

// 2. reserve a reference to window object
let window;

// 3. wait till application started
app.on('ready', () => {
// 4. create a new window
window = new BrowserWindow({
width: 800,
height: 600,
webPreferences: {
nodeIntegration: true
}
});

// 5. load window content
window.loadFile('index.html');
});
```

其中，首先需要从 electron 命名空间中导入所需的对象和类。随后保存一个指向初始化并显示于用户的对象或 BrowserWindow 类型的引用。接下来，需要等待应用程序处于就绪状态，并生成一个大小为 800×600 像素的窗口。最后，加载并显示 index.html 文件的内容，其中包含了 Electron 应用程序的主要内容。

（5）以 HTML 页面形式定义主应用程序的内容。随后创建一个新的 index.html 文件。当采用 Visual Studio Code 时，生成一个初始 Web 页面十分简单——仅需输入一个“！”，代码编辑器将针对所需自动推荐一个模板，如图 1.6 所示。

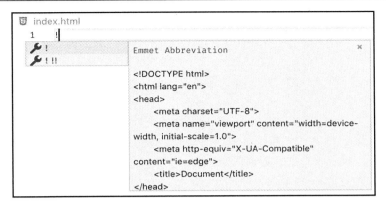

图 1.6

（6）按下 Tab 键或 Enter 键。Visual Studio Code 将在光标所在的位置生成并填充 HTML 页面的内容，甚至还可将光标移至 body 元素内部，以便可以继续处理标记。

```html
<!DOCTYPE html>
<html lang="en">
  <head>
    <meta charset="UTF-8" />
    <meta name="viewport" content="width=device-width,
                                   initial-scale=1.0" />
    <meta
      http-equiv="Content-Security-Policy"
      content="script-src 'self' 'unsafe-inline';"
    />
    <title>Document</title>
  </head>
  <body>
  </body>
</html>
```

（7）将 Hello World 示例置于 body 标签之间，以便检查 Electron 组件的版本。

```html
<h1>Hello World!</h1>
We are using node <script>document.write(process.versions.node)
</script>,
Chrome <script>document.write(process.versions.chrome)
</script>,
and Electron <script>document.write(process.versions.electron)
</script>.
```

稍后将查看驱动应用程序的 Node.js 版本、Chrome 嵌入式版本和 Electron 库版本。

（8）初始化设置的最后一步是更新包脚本。更新 package.json 文件，并针对 scripts 部分添加 start 项以调用项目文件夹中的 Electron 二进制应用程序，如下所示。

```
"scripts": {
  "start": "electron ."
}
```

当启动、开发、测试应用程序时，仅需在命令行中运行 npm start 命令即可。如果需要添加更多参数，则可再次更新该脚本——没有必要记住较长的命令。

（9）package.json 文件的内容如下。

```
{
  "name": "my-first-app",
  "version": "1.0.0",
  "description": "",
  "main": "index.js",
  "scripts": {
    "start": "electron ."
  },
  "keywords": [],
  "author": "",
  "license": "ISC",
  "devDependencies": {
    "electron": "^7.0.0"
  }
}
```

当前可启动第 1 个 Electron 应用程序，具体步骤如下。

（1）在 Visual Studio Code 应用程序菜单中，依次选择 View 和 Terminal 以访问嵌入式 Terminal 工具。

（2）运行 start 命令，如下所示。

```
npm start
```

图 1.7 显示了第 1 个处于运行状态的 Electron 应用程序。

图 1.7

如果希望终止当前应用程序，可在 Terminal 窗口中按下 Ctrl+C 组合键。

在展示了处于运行状态下的应用程序后，接下来讨论应用程序针对不同平台的打包机制。

1.5　多平台的打包机制

注意，全平台运行并不意味着可在单一平台上测试和运行所有安装包。例如，无法在 Linux 上启动 Windows 安装程序；此外也无法在 Windows 上启动 macOS 安装程序。我们可能需要访问具有各自平台的真实机器设备，或者采用 VirtualBox、Parallels 或其他虚拟化软件运行的虚拟机。

相应地，存在多种社区工具可用于构建和打包 Electron 应用程序，此处将使用 electron-builder（https://www.electron.build/）。

根据文档内容，electron-builder 描述如下。

"electron-builder 是一个完整的解决方案，用于打包和构建 Electron 应用程序，该应用程序适用于 macOS、Windows 和 Linux，并提供自动更新支持。"

🛈 注意：
所支持的特性列表涵盖了丰富的内容。如果需要了解更多信息，建议查看 electron-builder 的官方文档。

当采用 electron-builder 时，尽管仅在 macOS 上进行开发，但却可针对所有平台生成发布包。

运行下列命令即可针对当前项目安装 electron-builder。

```
npm i -D electron-builder
```

接下来将根据具体的目标平台考查如何设置包脚本。具体来说，我们将针对 macOS、Ubuntu Linux 和 Windows 10，并通过最小的配置参数集打包 Electron 应用程序。

1.5.1　macOS 包机制

如果打算向 App Store 发布应用程序，则需要提供一个应用程序 ID 和分类设置。打开项目的 package.json，并在文件结尾处添加下列内容。

```
{
  "build": {
```

```
    "appId": "com.my.app.id",
    "mac": {
      "category": "public.app-category.utilities"
    }
  }
}
```

用户可自定义值并于随后提供相应的信息。当前，可以保持这些值不变。

相应地，存在两种方式构建应用程序，即开发模式和生产模式。下面首先介绍开发脚本，并可快速运行和查看应用程序是否以期望方式运行。

（1）更新 package.json 文件，并将 build:macos 项添加至 scripts 部分，如下所示。

```
{
  "scripts": {
  "start": "electron .",
  "build:macos": "electron-builder --macos --dir"
  }
}
```

类似于之前使用的 npm start 命令，我们可自定义所有参数。此处只需要记住并记录一个简单的命令 npm run build:macos。

（2）当在开发模式下构建应用程序时，打开 VS Code 中的 Terminal 窗口，并运行 build:macos 脚本，如下所示。

```
npm run build:macos
```

（3）几秒种后，即可在 dist/mac 文件夹中查看构建结果，如图 1.8 所示。

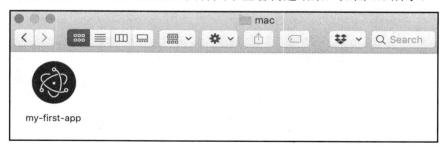

图 1.8

（4）双击图 1.8 中的图标，并以本地方式运行简单的 Electron 应用程序。

（5）添加所需的脚本内容，以便生成发布包。下列代码将 dist:macos 项添加至 scripts 部分。

```
{
  "scripts": {
    "start": "electron .",
    "build:macos": "electron-builder --macos --dir",
    "dist:macos": "electron-builder --macos"
  }
}
```

目前，我们持有两个脚本可处理 macOS 机器上的运行状态和包机制。

与 build:macos 脚本相比，运行 build:macos 脚本的时间较长。随后，可在项目的 dist 文件夹中获得多个不同的包，如 my-first-app-1.0.0.dmg（典型的 macOS 安装程序）、my-first-app-1.0.0-mac.zip（压缩的安装程序），以供发布使用；mac/my-first-app 则包含了可发布的应用程序，如图 1.9 所示。

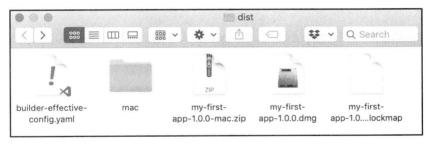

图 1.9

尝试运行.dmg 文件，即可看到如图 1.10 所示的 macOS 安装程序。

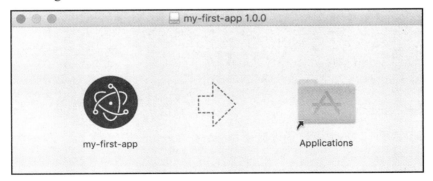

图 1.10

ℹ️ **注意：**

关于如何定制 electron-builder，读者可访问 electron-builder 文档查看详细信息，对应网址为 https://www.electron.build/configuration/dmg。

至此，我们得到了第 1 个跨平台 Electron 应用程序安装程序，并可在 macOS 上运行。

1.5.2　Ubuntu 包机制

Ubuntu 的应用程序包处理机制与 macOS 基本相同。

（1）我们需要在 package.json 文件的 Linux 部分提供一个应用程序标识符和一个分类。

```
{
  "build": {
  "appId": "com.my.app.id",
  "linux": {
    "category": "Utility"
  }
 }
}
```

ℹ️ **注意：**

可在针对其他平台声明设置时同时声明 Linux 设置，这在实现多平台开发或切换时将十分方便。这一做法也适用于脚本部分。本书将使用不同的脚本名称，以便可将其整合为单一配置。

（2）更新 package.json 文件，并将下列脚本添加其中，以便在开发模式和发布模式下构建应用程序。

```
{
  "scripts": {
  "start": "electron .",
  "build:linux": "electron-builder --linux --dir",
  "dist:linux": "electron-builder --linux"
 }
}
```

（3）确保可针对本地测试构建应用程序。在 Terminal 窗口中运行第 1 个脚本，如下所示。

```
npm run build:linux
```

（4）在项目的根文件中，应可看到 dist/linux-unpacked 文件夹，其中包含了多个构建工件，如图 1.11 所示。

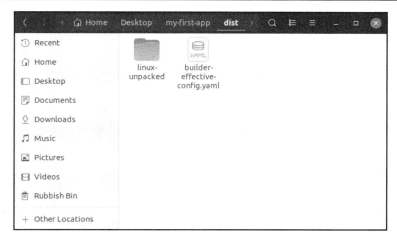

图 1.11

（5）接下来查看构建发布包时所获取的内容。对此，运行第 2 条命令，如下所示。

```
npm run dist:linux
```

（6）此时将在 dist 文件夹中获取多个包，如图 1.12 所示。

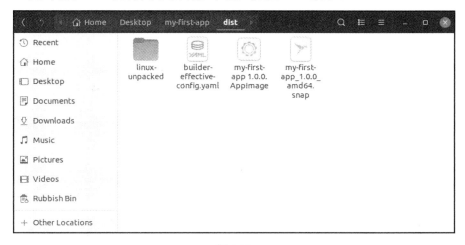

图 1.12

输出文件夹中的对应文件。

❑ my-first-app 1.0.0.AppImage：AppImage 格式是所有 GNU/Linux 发行版的通用软件包格式。

❑ my-first-app_1.0.0_amd64.snap：即 snap 文件，是沙箱应用程序的另一种较为流

行的格式。

❑　linux-unpacked/my-first-app：这是用于本地测试和自定义发行版的解压缩版本。

（7）双击 my-first-app 1.0.0.AppImage 运行应用程序。当显示 Would you like to integrate my-first-app with your system 对话框时，单击 No 按钮。

（8）最终的输出结果如图 1.13 所示。

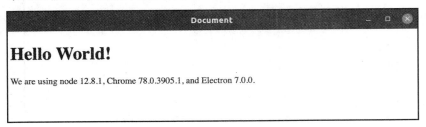

图 1.13

至此，我们得到了第 1 个跨平台 Electron 应用程序包，并运行于 Ubuntu Linux 上。

1.5.3　Windows 的包机制

前述内容介绍了针对 macOS 和 Ubuntu Linux 的构建脚本，那么，针对 Windows 的配置也不应成为问题。

如前所述，将所有平台的配置文件保存在 package.json 文件中的单个代码存储库中是可能的，同时也是一种推荐的做法。Windows 的构建脚本如下。

```
{
  "scripts": {
  "start": "electron .",
  "build:windows": "electron-builder --win --dir",
  "dist:windows": "electron-builder --win"
  }
}
```

build:windows 脚本针对开发和测试目的创建了一个解压缩的本地构建，而 dist:windows 脚本则为发布准备应用程序。

下面尝试构建和运行应用程序的开发版本。

（1）打开 Visual Studio Code 的 Terminal 窗口或 Command Prompt 工具，并运行下列脚本：

```
npm run build:windows
```

提示：

　　如果安装了 Wine 工具，则可使用 macOS 或 Ubuntu Linux 构建 Windows 包，但建议安装一个虚拟机，以便进行测试。此外，在 Windows 机器上 Linux 包同样可行，但用户可能需要一台真正的 Linux 机器用于应用程序测试。

　　（2）一旦脚本退出，应可在 dist/win-unpacked 文件夹中看到预建的应用程序，即 my-first-app.exe。

　　（3）双击 my-first-app.exe 文件运行应用程序，如图 1.14 所示。

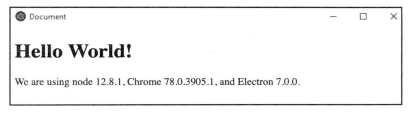

图 1.14

　　（4）我们需要使用 build:windows 脚本，并针对测试目的创建一个发布包。下列命令可为重新发布构建包。

```
npm run dist:windows
```

　　（5）再次检查 dist 文件夹，此时应可在 win-unpacked 文件夹一侧看到 my-first-app Setup1.0.0.exe 安装程序文件，如图 1.15 所示。

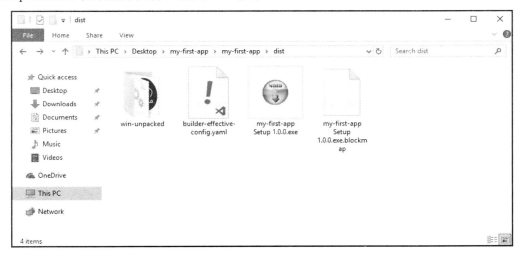

图 1.15

（6）双击安装程序文件。安装向导可设置应用程序并自动启动该程序。

至此，我们得到了第 1 个跨平台 Electron 应用程序，并运行于 Windows 10 上。

1.6　本　章　小　结

本章简要介绍了 Electron 的历史，并讨论了如何在流行的平台上配置开发环境，如 macOS、Windows 和 Ubuntu Linux。此外，我们还考查了实现 Electron 应用程序的各种配置选项，以便在对应的平台上构建、发布和运行应用程序。

可以看到，不仅采用 Electron 框架构建的应用程序是跨平台的，其开发过程也几乎是相同的，这要感谢 Node.js 和 NPM。用户可在单一平台上工作，甚至可针对其他平台构建发布包，尽管一般需要访问真实的机器或虚拟机运行和测试应用程序。

第 2 章将重点考查应用程序的开发过程以及第 1 个项目实现。其间，我们将构建 Markdown 编辑器，进而了解应用程序与桌面 Shell 之间的集成方式。

第2章 构建 Markdown 编辑器

本章将构建一个最小化的 Markdown 编辑器应用程序，以帮助读者了解如何构建一个 Web 应用程序，并与桌面上的 Electron Shell 集成。

其间，我们将学习如何集成第三方编辑器组件、如何支持应用程序菜单，以及构建渲染机制（浏览器）和主进程（Node.js）之间的通信通道，从而进一步了解 Electron 并为构建更加复杂的项目做准备。

除此之外，本章还将创建一个新的 GitHub 存储库，以存储应用程序的发行版、向 GitHub 发布多个 Markdown 编辑器版本、配置自动更新等。

本章主要涉及以下主题。

- ❏ 配置新的项目。
- ❏ 集成编辑器组件。
- ❏ 适配屏幕尺寸。
- ❏ 集成应用程序菜单。
- ❏ 添加拖曳操作。
- ❏ 支持自动更新。
- ❏ 修改应用程序的标题。

2.1 技 术 需 求

当开始学习本章内容时，读者需要配备一台运行 macOS、Windows 或 Linux 的笔记本电脑或桌面电脑。

本章所需安装的软件如下。

- ❏ Git 版本控制系统。
- ❏ 包含节点包管理器（NPM）的 Node.js。
- ❏ 免费、开源的代码编辑器 Visual Studio Code。

读者可访问 GitHub 存储库查看本章的代码文件，对应网址为 https://github.com/PacktPublishing/Electron-Projects/tree/master/Chapter02。

2.2　配置新的项目

当构建一个 Markdown 编辑器应用程序时，首先需要配置一个新的 Electron 项目，并将其命名为 markdown-editor。通过下列命令即可生成对应的文件夹。

```
mkdir markdown-editor
cd markdown-editor
```

在第 1 章曾有所介绍，我们需要利用 npm init 命令初始化一个新项目，此外还需要安装 Electron，这一核心库提供了应用程序 Shell。另外，当前项目还需要一个 electron-builder 库，进而针对多个平台发　布和分发特性。

（1）运行下列命令构建新项目。

```
npm init -y
npm i -D electron
npm i -D electron-builder
```

npm init 命令将生成包含下列内容的 package.json 文件：

```
{
  "name": "markdown-editor",
  "version": "1.0.0",
  "main": "index.js",
  "devDependencies": {
    "electron": "^7.0.0",
    "electron-builder": "^21.2.0"
  }
}
```

这里，-D 开关意味着库应该安装在 devDependencies 部分中。

（2）创建一个 index.js 文件，其中包含最少的 JavaScript 代码，这样就可以运行一个空的应用程序。

```
const { app, BrowserWindow } = require('electron');

let window;

app.on('ready', () => {
    window = new BrowserWindow({
        width: 800,
        height: 600,
```

```
    webPreferences: {
      nodeIntegration: true
    }
  });
  window.loadFile('index.html');
});
```

（3）创建 index.html 文件，即针对新项目的 HTML 模板。当前，只需输入一个虚拟字符串作为 body 元素的内容。

```html
<!DOCTYPE html>
<html lang="en">
<head>
    <meta charset="UTF-8">
    <meta name="viewport" content="width=device-width,
      initial-scale=1.0">
    <meta
      http-equiv="Content-Security-Policy"
      content="script-src 'self' 'unsafe-inline';"
    />
    <title>Document</title>
</head>
<body>
    <h1>Editor</h1>
</body>
</html>
```

此处重点内容是如何快速创建一个项目结构，并可转变为 Markdown 编辑器应用程序。

（4）最后一步是支持 npm start 脚本，这样，我们就可以运行和测试应用程序，而不需要知道所有的命令参数。接下来更新 package.json 文件并扩展 scripts 部分，如下所示。

```json
{
  "name": "markdown-editor",
  "version": "1.0.0",
  "main": "index.js",
  "scripts": {
    "start": "electron ."
  },
  "devDependencies": {
    "electron": "^7.0.0",
    "electron-builder": "^21.2.0"
  }
}
```

ℹ️ **注意：**

库的版本可能会有所不同。

（5）接下来准备筹建 Electron 应用程序。对于所创建的文件的更新问题，测试处理须运行下列命令。

```
npm start
```

按下 Ctrl+C 组合键则可终止应用程序的运行。

本章将考查更为丰富的项目配置以及实时重载。当前，我们暂时利用 Ctrl+C 组合键终止应用程序，并在每次修改代码或进行实时查看时通过 npm start 或 npm run start 命令启动应用程序。

接下来讨论用户界面，并将编辑器组件与 Electron 应用程序集成。

在当前项目中，我们无须从头构建一切内容，包括以 Markdown 格式编辑和格式化文本的组件。对此，存在大量的免费、开源组件可供使用，从而可节省时间并将注意力集中于应用程序的构建和用户的数值传递方面，而不是耗费大量的时间重复地制造轮子。

出于简单考虑，我们将采用 SimpleMDE 组件，即 Simple Markdown Editor 的简写形式。读者可访问 https://simplemde.com/查看该项目的详细内容。SimpleMDE 是一个开源项目并持有 MIT 证书。当整合该组件时，可遵循下列步骤。

（1）与安装 Electron 框架类似，可使用 npm 命令在项目中获取 SimpleMDE，如下所示。

```
npm install simplemde
```

💡 **提示：**

在安装新库之前，需要终止当前应用程序。

与其他典型的 JavaScript 组件类似，SimpleMDE 自带了一个 JavaScript 文件和一个 CSS 样式表，以便可与 Web 页面集成。

（2）将下列代码行添加至 index.html 文件中 head 代码块的底部。

```
<head>
  <link rel="stylesheet" href="./node_modules/simplemde/dist/
                         simplemde.min.css">
  <script src="./node_modules/simplemde/dist/
             simplemde.min.js"></script>
</head>
```

注意 index.html 页面中 node_modules 文件夹的引用方式。当前，在将 SimpleMDE 更新至一个较新的版本时，仅需再次运行 npm install simplemde 命令即可，且不需要每次更新 Web 页面。只要构建并运行了应用程序，页面即会使用更新后的库。

（3）在 Electron Shell 中运行新安装的组件。根据组件的需求，我们需要使用定义在该页面上的一个空 textarea 元素，以及一个在运行期内将该元素转换为 Markdown 编辑器的脚本块。下列代码展示了这一实现过程。

```
<textarea id="editor"></textarea>

<script>
  var editor = new SimpleMDE({
    element: document.getElementById('editor')
  });
</script>
```

（4）此时，应用程序 HTML 页面内容如下。

```
<!DOCTYPE html>
<html lang="en">
<head>
    <meta charset="UTF-8">
    <meta name="viewport" content="width=device-width,
      initial-scale=1.0">
    <meta
      http-equiv="Content-Security-Policy"
      content="script-src 'self' 'unsafe-inline';"
    />
    <title>Document</title>
    <link rel="stylesheet" href="./node_modules/simplemde
                              /dist/simplemde.min.css">
    <script src="./node_modules/simplemde/dist
                /simplemde.min.js"></script>
</head>
<body>
    <textarea id="editor"></textarea>
    <script>
        var editor = new SimpleMDE({
            element: document.getElementById('editor')
        });
    </script>
</body>
</html>
```

（5）保存修改内容并运行应用程序。

（6）如图 2.1 所示，中间部分是 Markdown 编辑器组件，工具栏是一组用于格式化文本的默认按钮，底部是单词和行计数器标签。

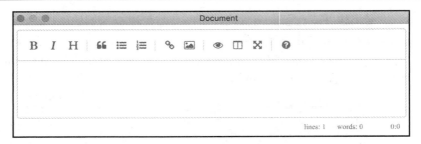

图 2.1

SimpleMDE 组件提供了较好的格式化特性，终端用户可在 Markdown 语法一侧看到最终的格式化效果。对此，可在编辑器中输入一些内容，并单击工具栏上的 H 按钮，这将把当前块转换为 Heading 或<h1>元素，如图 2.2 所示。

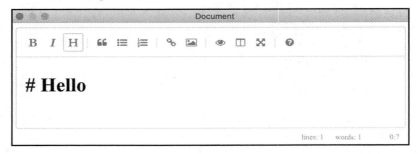

图 2.2

读者可尝试对控件进行各种操作，进而查看控件对文本的影响方式。当选择格式化选项和 Preview 模式时，即可在最终文档渲染至 HTML 标记时查看其效果。

ⓘ 注意：

除此之外，还存在其他一些可用或自定义的选项和特性。读者可访问 https://github.com/sparksuite/simplemde-markdown-editor 查看 SimpleMDE 文档。其中包含了较为基础的、开箱即用的操作体验，稍后可能还需要启用一些额外的设置项。

注意，将 Web 应用程序置于 Electron 窗口内是一项较为重要的事情，下面讨论如何将内容与屏幕尺寸进行匹配。

2.3　适配屏幕尺寸

当在运行期尝试对应用程序进行操作时，可能会注意到，当重置窗口尺寸或最大化窗口时，编辑器组件无法与应用程序的整个区域实现较好的适配。对此，需要添加 CSS 样式，并通知当前组件需要适配父组件的宽度和高度。

　　注意，从底层来看，SimpleMDE 封装了另一个重要的组件 CodeMirror。

ⓘ 注意：

　　CodeMirror 是一款多功能文本编辑器，并针对浏览器采用 JavaScript 实现。CodeMirror 专用于代码编辑并涵盖了大量的语言模式和插件，进而实现了更为丰富的编辑功能。

　　这里将向 HTML 中添加 flex 布局特性，并针对 CodeMirror 部分（隶属于 SimpleMDE）提供样式支持。

　　（1）更新 index.html 文件中的样式，如下所示。

```
<style>
        html, body {
                height: 100%;
                display: flex;
                flex: 1;
                flex-direction: column;
        }
        .CodeMirror {
                flex: 1;
        }
</style>
```

　　（2）运行应用程序，并尝试重置窗口尺寸（更宽或更高）。此时，Markdown 编辑器可较好地与整个页面区域匹配，如图 2.3 所示。

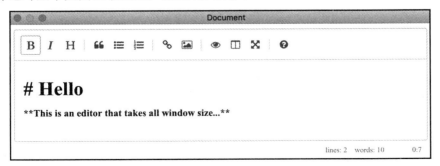

图 2.3

接下来讨论如何集成应用程序菜单。

2.4　集成应用程序菜单

如前所述，程序本质上是一个运行在 Chromium 内部的 HTML5 堆栈，而 Electron 提供了与底层操作系统（无论是 macOS、Windows 还是 Linux）所有必要的集成。

应用程序菜单这一概念在各平台间有所不同。例如，macOS 提供了单一的应用程序菜单，进而反映处于活动状态下的应用程序，并显示对应的菜单项。Windows 系统倾向于为应用程序窗口的每个实例提供一个单独的菜单。最后，Linux 系统通常根据窗口管理器的实现而变化。

对于开发人员来说，处理每一种情况都是相当麻烦的。因此，Electron 框架提供了一个统一的接口，根据 JSON 定义构建应用程序菜单，并处理集成的细节内容。

作为示例，下面考查 macOS 应用程序菜单。当启动应用程序后，Electron 即提供了一组预定义菜单项。在开发过程中，较为常见的菜单项是 View，并提供了应用程序重载和 Chrome Developer Tools 的访问能力，如图 2.4 所示。

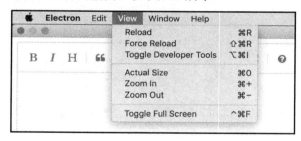

图 2.4

当实际查看 Developer Tools 时，可利用 npm start 运行应用程序并单击 View | Toggle Developer Tools 菜单项。稍后在开发过程中将会大量使用这一特性。在图 2.5 中，可以看到调用菜单项时 Chrome Developer Tools 的外观。

接下来考查如何在应用程序代码中创建这样的菜单。我们将使用系统菜单组件执行以下操作。

❑　创建自定义菜单项。
❑　定义角色菜单项。
❑　提供菜单分隔符。
❑　支持键盘加速键。
❑　支持特定平台的菜单。

图 2.5

下面首先讨论如何创建一个自定义菜单项，并在运行期对其进行渲染。

2.4.1　创建一个自定义菜单项

图 2.6 显示了 Help 菜单项。

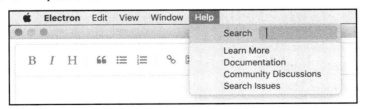

图 2.6

类似于其他菜单项，如果未提供自定义应用程序菜单模板，Electron Shell 将在运行期内执行该任务。下面稍作调整并提供一个简单的 About Editor Component 菜单项，进而打开对其应用程序所使用的 SimpleMDE Mmarkdown 编辑器组件的主页。

（1）在项目的根文件夹中创建一个名为 menu.js 的新文件。

💡 提示：

　　较好的做法是将菜单置于单个文件中，以便应用程序每次修改或改进时，可以快速找到对应的菜单项。

　　此处需要从 Electron 框架中导入 Menu 和 shell 对象。其中，Menu 对象提供了一个API，并可用于从 JSON 模板中构建一个应用程序菜单。shell 对象则可通过所访问的 URL地址调用一个浏览器窗口。

```
const { Menu, shell } = require('electron');
```

　　（2）需要一个 JSON 格式的应用程序菜单模板。对此，可将下列代码添加至 menu.js 文件的结尾，以保存一个简单的菜单模板。

```
const template = [
  {
    role: 'help',
    submenu: [
      {
        label: 'About Editor Component',
        click() {
            shell.openExternal('https://simplemde.com/');
        }
      }
    ]
  }
];
```

ℹ️ 注意：

　　由于我们利用多个顶级菜单项定义整个应用程序菜单，因而 JSON 模板的根对象应为一个数组。

　　可以看到，此处存在一个 role 属性设置为 help 的对象，从而定义了名为 Help 的顶级菜单项。稍后将讨论 role 的具体含义，目前仅将该属性保留原样。随后定义一个 submenu数组保存子菜单项，并通过 click 句柄声明一个 About Editor Component 数组，以便调用一个外部浏览器。

　　这可视为一个最小化的模板，仅展示了如何组装自定义应用程序菜单。在将第 1 个模板编译为实际的菜单时，需要调用 Menu.buildFromTemplate 函数，该函数将 JSON 内容转换为一个 Electron Menu 对象。

```
const menu = Menu.buildFromTemplate(template);

module.exports = menu;
```

其中，我们构建了一个新的传递实例，并通过 module.exports 对其进行导出。模块导出机制是 Node.js 的一个特性，并可将 Menu 实例导入其他文件中。在当前示例中，需要从 menu.js 文件中导出菜单，并将其导入 index.js 文件中，这也是当前程序的核心部分。

（3）更新 index.js 文件的内容。

```
const { app, BrowserWindow, Menu } = require('electron');
const menu = require('./menu');
let window;
app.on('ready', () => {
    window = new BrowserWindow({
      width: 800,
      height: 600,
      webPreferences: {
        nodeIntegration: true
      }
    });
    window.loadFile('index.html');
});

Menu.setApplicationMenu(menu);
```

这里，大多数文件均为我们所熟悉。其间，我们从之前创建的 menu.js 文件中导入 menu 对象，随后构建了一个主应用程序窗口，并将 index.html 文件加载至其中。最后，我们根据自定义模板设置了一个新的应用程序菜单，如图 2.7 所示。

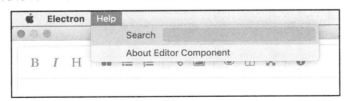

图 2.7

（4）保存变化结果并启动应用程序。鉴于重定义了整个应用程序菜单，因而仅可看到两个菜单项，即 Electron 和 Help。其中，Electron 菜单是在 macOS 上运行时可以直接使用的，而 Help 菜单则是在前面的代码中定义的。

（5）单击 Help 菜单以确保可以看到 About Editor Component 项。当单击 About..菜单项时，系统浏览器将利用加载的 https://simplemde.com/地址打开。

在创建了菜单项后，接下来考查不同的菜单项角色。

2.4.2　定义菜单项角色

　　Electron 框架支持与菜单项关联的一组标准动作。这里，我们不需要提供标签文本、单击处理程序和其他设置，而是可以选择一个角色预置，随后 Electron Shell 将以动态方式对其进行处理。菜单预置可节省大量的时间和操作，此时无须输入大量的代码复制标准和系统项。

　　下面考查如何从自定义菜单中运行 Chrome 的 Developer Tools，且无须编写一行 JavaScript 代码。

　　（1）在 menu.js 文件的菜单模板中添加下列代码，进而创建一个新的 Debugging 菜单。

```
const template = [
  {
    role: 'help',
    submenu: [
      {
        label: 'About Editor Component',
        click() {
            shell.openExternal('https://simplemde.com/');
        }
      }
    ]
  },
  {
    label: 'Debugging',
    submenu: [
      {
        role: 'toggleDevTools'
      }
    ]
  }
];
```

　　此处应注意如何将单一属性 role 设置为 submenu 数组中的 toggleDevTools 值。相应地，toggleDevTools 表示为 Electron 框架所支持的众多预定义角色中的一个。通过单一角色引用，应用程序通常可获得一个标记、键盘快捷方式和单击句柄。在某些时候，设置还可获得一个包含子菜单项的复杂菜单结构。

　　（2）运行当前应用程序并查看 toggleDevTools 角色。

```
npm start
```

注意，此时包含两个自定义顶级菜单，其中之一是 Debugging，该菜单包含了 Toggle Developer Tools 菜单项，如图 2.8 所示。单击该菜单项后，即可在屏幕上获得标准的 Chrome Developer Tools。

图 2.8

（3）修改预定义角色项的标题十分简单，仅需添加 label 属性即可，如下所示。

```
{
    label: 'Debugging',
    submenu: [
        {
            label: 'Dev Tools',
            role: 'toggleDevTools'
        }
    ]
}
```

（4）当再次运行应用程序时，菜单项的标题将表示为 Dev Tools，但具体行为仍保持不变，即单击后打开 Chrome 的 Developer Tools。

🛈 注意：

关于所支持的 role 值，读者可访问 https://electronjs.org/docs/api/menu-item#roles 以了解更多信息。

典型的应用程序可能会包含多个菜单项。稍后将讨论如何将动作整合至分组中，并使用菜单分隔符。

2.4.3　菜单分隔符

从传统意义上讲，在大型应用程序中，开发人员一般会将菜单项收集至逻辑分组中，以方便终端用户记忆并简化使用过程。

图 2.9 显示了 Visual Studio Code 中的 File 菜单示例，或许读者可能正在用它来编辑项目文件。

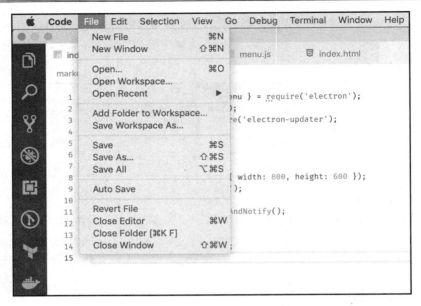

图 2.9

取决于所使用的平台，对应的键盘快捷方式可能会有所不同，但相关结构在操作系统间不会发生任何变化。

此处应注意开发人员如何将多个菜单项分组至不同的区域。如果打算分隔两个菜单项，可执行下列步骤。

（1）使用 type 属性设置为 separator 的附加项，这将指示 Electron 渲染一条水平直线以分隔菜单项。

（2）针对 Debugging 菜单更新代码，如下所示。

```
{
    label: 'Debugging',
    submenu: [
        {
            label: 'Dev Tools',
            role: 'toggleDevTools'
        },
        { type: 'separator' },
        { role: 'reload' }
    ]
}
```

（3）重启应用程序。在 Debugging 菜单项内部，可以看到 Dev Tools 和 Reload 两项内容，如图 2.10 所示。

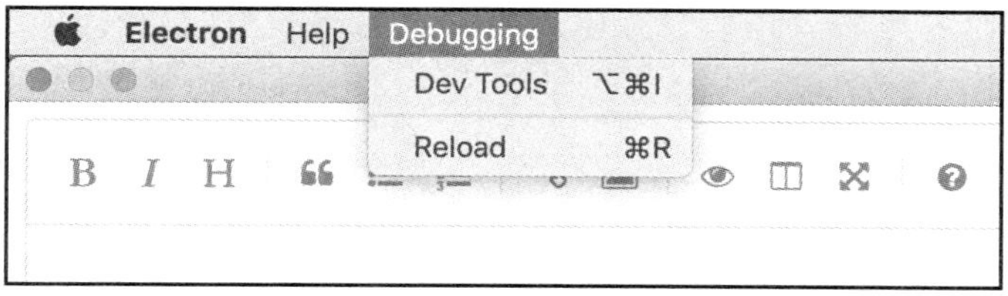

图 2.10

注意水平直线与两个菜单项之间的分隔方式，这体现了 separator 角色的实际行为，同时还可在菜单中使用任意多个分隔符。

下面介绍 Electron 如何处理键盘快捷方式（即加速键）和组合键。

2.4.4　键盘加速键

加速键表示为包含多个修饰符和单一键代码的字符串，并可通过字符+进行组合，进而在应用程序中定义键盘快捷方式。

从传统意义上讲，应用程序中的菜单项提供了对键盘快捷方式的支持，如 Cmd+S 或 Ctrl+S 组合键可保存文件，Cmd+P 或 Ctrl+P 组合键可打印文档，等等。

Electron 提供了对键盘快捷方式或加速键的支持，并可以全局方式或针对某个特定的菜单项予以使用。当创建新的键盘快捷方式时，需要向菜单项中添加一个名为 accelerator 的新属性，并以纯文本方式制定组合键。

在前述示例中，当创建一个菜单项分隔符时，我们引入了一个名为 Reload 的附加菜单项，这将通过每次单击操作重载嵌入式浏览器，并可查看更新后的 HTML 代码。reload 角色也包含了此项功能，但默认状态下菜单项并不包含键盘快捷方式。通过添加一个 Alt+R 快捷方式可对此进行修正，如下所示。

（1）编辑 menu.js 文件并添加对象，如下所示。

```
{
  role: 'reload',
  accelerator: 'Alt+R'
}
```

（2）保存文件并再次重启应用程序。

此时，Reload 菜单项包含了快捷方式的细节信息。当使用 macOS 时，将显示特殊的 Alt 符号，如图 2.11 所示；而对于 Windows 和 Linux，则仅显示单词 Alt。

图 2.11

注意，对于许多预定义菜单角色，Electron 框架提供了最常用的组合。

ⓘ **注意：**

关于加速键及其用例，读者可访问 https://electronjs.org/docs/api/accelerator 以查看详细信息。

接下来需要处理的问题是特定于平台的菜单。

2.4.5　特定平台的菜单

虽然 Electron 提供了统一和方便的跨平台应用程序菜单的构建方法，但在某些情况下，我们可能希望根据所用的平台调整特定菜单项的行为或外观。

macOS 部署可视为跨平台渲染的较好的示例。如果读者是一名 macOS 用户，那么可以知道，每个应用程序都包含一个特定的菜单项，且总是置于应用程序菜单的前面。

该菜单项通常包含与应用程序名称相同的标签，并提供了某些与应用程序相关的工具，如退出运行的实例、访问偏好设置、显示 About 链接等。

下面创建特定于 macOS 的菜单项，以使用户可查看 About 对话框，并可退出当前应用程序。

（1）获取应用程序的名称。对此，可从 Electron 框架中导入 app 对象，如下所示。

```
const { app, Menu, shell } = require('electron');
```

app 对象包含了 getName 方法，该方法可从 package.json 文件中获取应用程序名称。

当然，可将该名称硬编码为一个字符串，但在运行期内以动态方式从包配置文件中获取对应值则更加方便，进而针对应用程序名称保留一个一致的位置，以使代码可在多个应用程序间复用。

Node.js 公开了一个名为 process 的全局对象，并以此访问环境变量。另外，该对象还提供了与当前平台架构相关的信息。我们将以此检查 darwin 值进而检测 macOS 平台。

（2）将下列代码添加至 template 声明之后。

```
if (process.platform === 'darwin') {
  template.unshift({
    label: app.getName(),
    submenu: [
      { role: 'about' },
      { type: 'separator' },
      { role: 'quit' }
    ]
  })
}
```

可以看到，此处对 darwin 字符串进行了检查。对运行于 macOS 上的应用程序，在应用程序菜单中插入了一个新的菜单项。

当前，每次运行 npm start 命令时将显示 Electron，如图 2.12 所示，稍后将对此进行修改。

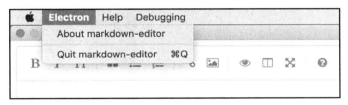

图 2.12

当检查处理架构时，以下选项可供使用。

❏　aix。

❏　darwin。

❏　freebsd。

❏　linux。

❏　openbsd。

❏　sunos。

❏　win32。

通常情况下，我们将检查 darwin（macOS）、linux（Ubuntu 和其他 Linux 系统）和 win32（Windows 平台）。

🛈 注意：

关于 process.platform，读者可参考 Node.js 文档以了解更多信息，对应网址为 https:// nodejs.org/api/process.html#process_process_platform。

2.4.6　配置菜单中的应用程序名称

读者可能已经注意到主应用程序菜单中的 Electron 标签，因为我们启动了通用 Electron Shell，并通过 npm start 命令对应用程序进行测试。回忆一下，我们曾按照下列方式定义 start 命令。

```json
{
  "name": "markdown-editor",
  "version": "1.1.0",
  "main": "index.js",
  "scripts": {
    "start": "electron ."
  },

  "devDependencies": {
    "electron": "^7.0.0",
    "electron-builder": "^21.2.0"
  },
  "dependencies": {
    "simplemde": "^1.11.2"
  }
}
```

当对应用程序打包并发布时，其中将包含自己的 Electron 版本。此时，应用程序名称将以预期方式显示。

下面利用 macOS 版本对包进行测试。

（1）将 build:macos 命令添加至 package.json 文件的 scripts 部分中，如下所示。

```json
{
  "scripts": {
    "start": "electron .",
    "build:macos": "electron-builder --macos --dir"
  }
}
```

（2）在 Terminal 中执行 npm run build:macos 命令，并针对本地开发和测试生成一个快速包。

（3）访问 dist/mac 文件夹，并通过双击图标方式运行 markdown-editor 应用程序，如图 2.13 所示。

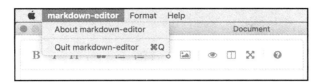

图 2.13

ℹ️ **注意：**

当前，应用程序菜单可显示正确值。此处，对应的应用程序称作 markdown-editor。

（4）menu.js 文件中的代码使用了 package.json 设置项中的下列值。

```
{
  "name": "markdown-editor",
  "version": "1.0.0"
}
```

同一操作也适用于应用程序的版本机制。当在测试模式下运行项目时，About 窗口将显示 Electron 框架的版本号。对于打包后的应用程序，同样可看到正确值。

2.4.7　隐藏菜单项

对于菜单项的可见性，需要考查一个重要的问题。除了与平台相关之外，开发人员通常还会仅针对本地开发和调试提供相应的实用工具函数。

作为示例，下面讨论 Chrome Developer，这是一个非常方便的使用工具集，有助于调试代码并在运行期查看布局。然而，我们并不希望终端用户在使用应用程序时查看对应的代码。在大多数时候，这可视为一种有害的行为。这就是为什么我们要学习如何在开发中使用特定的菜单项，但在生产模式中隐藏它们。

首先需要清除某些菜单，对此，可执行下列步骤。

（1）从模板中移除 Debugging 菜单，仅保留 Help 项，如下列代码所示。

```
const template = [
  {
    role: 'help',
    submenu: [
      {
        label: 'About Editor Component',
        click() {
          shell.openExternal('https://simplemde.com/');
        }
      }
```

```
    ]
  }
];

const menu = Menu.buildFromTemplate(template);

module.exports = menu;
```

（2）通过 npm start 命令运行当前项目，确保应用程序菜单中不存在 Debugging 项。

前述内容曾采用 Node.js 中的 process 对象检测平台。另外，process 还通过 process.env 对象提供了环境变量的访问能力。该对象的每个属性均为运行期环境变量。

若提供了 DEBUG 环境变量，假设我们使用附加菜单，在当前示例中，应用程序需要检查 process.env.DEBUG。

（3）考查下列代码以进一步理解如何检查环境变量。

```
if (process.env.DEBUG) {
  template.push({
    label: 'Debugging',
    submenu: [
      {
        label: 'Dev Tools',
        role: 'toggleDevTools'
      },
      { type: 'separator' },
      {
        role: 'reload',
        accelerator: 'Alt+R'
      }
    ]
  });
}
```

可以看到，一旦定义了 DEBUG 环境变量，应用程序将向主应用程序菜单推送一个 Debugging 项。该过程类似于之前针对 macOS 平台的附加菜单项的添加操作。

（4）调整启动脚本，以便针对本地开发和测试以调试模式启动，如下所示。

```
{
  "name": "markdown-editor",
  "version": "1.1.0",
  "description": "",
  "main": "index.js",
  "scripts": {
```

```
    "start": "DEBUG=true electron ."
  }
}
```

💡 提示：

在 Windows 平台上，需要使用 set DEBUG=true & electron 命令，因为 Windows Command Prompt 使用 set 定义环境变量。

此外，我们还可在生产应用程序中使用环境变量。然而，当加入某些调试功能时，不应隐藏这些标志背后的安全特性。

借助于环境变量，用户可以启用或禁用应用程序中的某些特性，这是一种较好的做法，从而允许用户使用更好的调试和测试工具，以避免某些底层技术功能使用户感到困惑。

稍后将讨论 Node.js 和 Chrome 进程间的通信方式，以及菜单项如何在二者间发送消息。

2.4.8　进程间的消息发送

下面通过编辑器深入考查键盘的处理机制。默认状态下，SimpleMDE 对大多数常见的编辑快捷方式提供了支持，其中包括：

❑ Cmd+B（Mac）或 Ctrl+B（PC）切换粗体功能。

❑ Cmd+H（Mac）或 Ctrl+H（PC）切换标题功能。

❑ Cmd+I（Mac）或 Ctrl+I（PC）切换斜体功能。

ℹ️ 注意：

Web 组件自身即对这些命令提供了支持，而非 Electron Shell。关于所支持的更多键盘快捷方式，读者可访问 https://github.com/sparksuite/simplemde-markdown-editor#keyboard-shortcuts 以了解更多内容。

应用程序菜单并不是 Web 页面中的一部分内容。因此，我们需要一种方式处理单击操作，以使 Web 页面了解所发生的事情，或者触发 JavaScript 中的某些代码。

如前所述，Electron 框架定义为 Chromium（渲染机制进程）和 Node.js（main 进程）的组合。这些进程并行运行，但彼此间相互隔离；同时，两个进程之间通信的唯一方式依赖于发送消息。

这也是构建下列数据流的原因：应用程序用户应获取包含 Bold 菜单项的 Edit 菜单，每次单击 Bold 菜单项时，Node.js（main 进程）处理键盘事件，并将消息发送至切换 Bold

特性的 Web 页面（渲染进程）。通过 JavaScript，Web 页面调用所用的 Markdown 编辑器的底层功能。

1．编辑器事件

接下来介绍 editor-event，以便处理 Node.js 中的消息，对此，需要导入 Electron 框架中的 ipcRenderer 对象并监听通道，在当前示例中为 editor-event。出于简单考虑，此处将向浏览器控制台输出消息内容。

```
<script>
  const { ipcRenderer } = require('electron');
  ipcRenderer.on('editor-event', (event, arg) => {
    console.log(arg);
  });
</script>
```

上述代码监听 editor-event 通道，并将消息写入浏览器控制的输出中。

2．向 main 进程发送配置消息

另外，还可利用 send 函数将消息发回至 main 进程中。

```
ipcRenderer.send('<channel-name>', arg);
```

作为练习，我们将把确认消息发回至 main 进程中。对此，Electron 通过 event 参数提供了一种方便的消息发送器访问方式，进而可使用与多个通道连接的通用消息处理程序。

应用程序的 Node.js 部分将监听 editor-reply 通道，并接收来自 Web 页面的反馈信息。

（1）更新 index.html 页面代码，如下所示。

```
<script>
  const { ipcRenderer } = require('electron');
  ipcRenderer.on('editor-event', (event, arg) => {
    console.log(arg);
    // send message back to main process
    event.sender.send('editor-reply', 'Received ${arg}');
  });
</script>
```

（2）在渲染器一侧，需要创建一个回复处理程序。对此，首先需要导入 Electron 框架中的 ipcMain 项目。更新 menu.js 文件并在文件开始处添加下列导入语。

```
const { ipcMain } = require('electron');
```

（3）接下来编写回复处理程序，这与 Web 页面脚本操作十分类似，如下所示。

```
ipcMain.on('editor-reply', (event, arg) => {
  console.log('Received reply from web page: ${arg}');
});
```

为了保持事物的简单性以及易于理解，我们将消息内容也置于输出结果中。
下面查看渲染器与 main 线程间的消息内容。

（4）出于测试目的，将下列代码添加至 index.html 页面的脚本底部。

```
ipcRenderer.send('editor-reply', 'Page Loaded');
```

（5）全部脚本代码块如下所示。

```
<script>
     var editor = new SimpleMDE({
       element: document.getElementById('editor')
     });
     const { ipcRenderer } = require('electron');
     ipcRenderer.on('editor-event', (event, arg) => {
       console.log(arg);
       event.sender.send('editor-reply', 'Received ${arg}');
     });

     ipcRenderer.send('editor-reply', 'Page Loaded');
</script>
```

可以看到，一旦页面向用户显示，脚本将向 main 进程发送 Page Loaded 消息，同时
使用 editor-reply 通道。当利用 npm start 脚本运行应用程序时，可针对所有消息启用控制
台的日志机制，该命令的输出结果包含下列文本内容。

```
> DEBUG=true electron .

Received reply from web page: hello world
```

上述消息意味着，第 1 个消息通道在渲染器进程和 main 进程间发挥了应有的作用。

3．向渲染器进程发送消息

当前，可将 main 进程中的消息发回至渲染器。根据最初的设想，我们将处理应用程
序菜单事件，以使渲染器进程了解用户的交互行为。

在向渲染器进程发送消息时，需要知道所处理的窗口。Electron 支持包含不同内容的
多个窗口，因而代码应知晓哪一个窗口包含了编辑器组件。出于简单考虑，鉴于当前应
用程序仅包含一个窗口，因此我们将访问焦点窗口对象。

（1）导入 Electron 框架中的 BrowserWindow 对象。

```
const { BrowserWindow } = require('electron');
```

对应的调用格式如下。

```
const window = BrowserWindow.getFocusedWindow();
window.webContents.send('<channel>', args);
```

此时，我们将持有来自两个区域的通信处理程序，即浏览器和 Node.js。下面使用菜单项连接所有内容。

（2）更新 menu.js 文件，并通过新引入的 editor-event 通道提供发送 toggle-bold 消息的 Toggle Bold 项。具体实现过程如下。

```
const template = [
  {
    label: 'Format',
    submenu: [
      {
        label: 'Toggle Bold',
        click() {
          const window = BrowserWindow.getFocusedWindow();
          window.webContents.send(
            'editor-event',
            'toggle-bold'
          );
        }
      }
    ]
  }
];
```

接下来检查消息处理是否按照期望方式工作。

（3）利用 npm start 运行应用程序或重启该应用程序，并切换至 Developer Tools。

（4）Format 菜单包含了 Toggle Bold 子菜单项，单击后查看 Developer Tools 中浏览器控制台的输出结果，如图 2.14 所示。

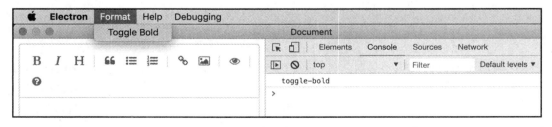

图 2.14

（5）Terminal 中的输出结果应包含下列文本内容：

```
> DEBUG=true electron .

Received reply from web page: Page Loaded
Received reply from web page: Received toggle-bold
```

当单击应用程序菜单按钮时，main 进程将查找焦点窗口并发送 **toggle-bold** 消息。渲染器进程通过 JavaScript 处理消息，并将其发送至浏览器控制台中，并于随后回复消息；main 进程在 Terminal 窗口中接收并输出响应结果。

4．连接 Toggle Bold 菜单

最后，利用 toggle-bold 功能编写 Toggle Bold 菜单命令。

（1）当前应用程序所用的 Markdown 编辑器组件提供了多个函数，以供开发人员从代码中加以调用。其中之一是 toggleBold()函数。如前所述，当前代码可检查消息的内容，如果是 toggle-bold，则运行对应的组件函数，如下所示。

```
if (arg === 'toggle-bold') {
  editor.toggleBold();
}
```

（2）整个脚本部分如下。

```
<script>
    var editor = new SimpleMDE({
      element: document.getElementById('editor')
    });

    const { ipcRenderer } = require('electron');

    ipcRenderer.on('editor-event', (event, arg) => {
      console.log(arg);
      event.sender.send('editor-reply', 'Received ${arg}');
      if (arg === 'toggle-bold') {
        editor.toggleBold();
      }
    });

    ipcRenderer.send('editor-reply', 'Page Loaded');
</script>
```

（3）再次重启应用程序并在编辑器中输入一些内容，随后选取对应的文本。接下来，单击 Format | Toggle Bold 菜单项并查看结果。之前所选的文本内容将以粗体显示，

Markdown 编辑器将围绕所选部分显示特定的**号，如图 2.15 所示。

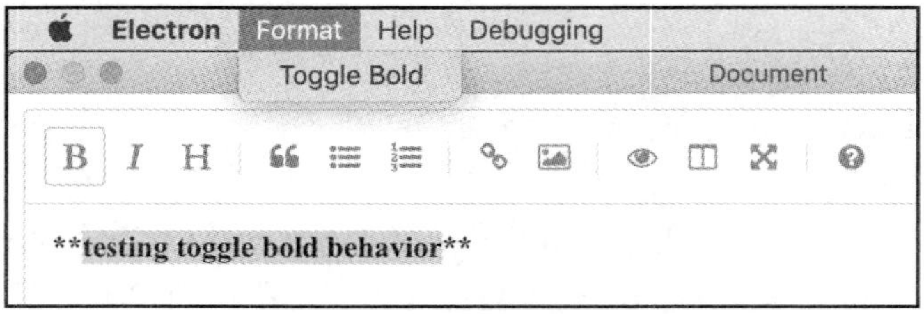

图 2.15

至此，我们实现了不同进程间的消息机制，并运行于 Electron 应用程序中。

此外，我们还将 Electron 应用程序菜单与应用程序中的 Web 组件进行了集成，同时还使用了特定的消息机制，允许 JavaScript 代码触发格式化特性。

作为练习，可尝试针对更多的格式化特性和样式提供相应的支持，如 italic 和 strikethrough。对应的 Markdown 编辑器函数分别为 editor.toggleItalic()和 editor. toggleStrikethrough()。

注意：

编辑器组件还支持其他有用的功能。读者可访问 https://github.com/sparksuite/simplemde-markdown-editor#toolbar-icons 查看可用的方法和属性。

2.4.9　将文件保存至本地系统

本节将讨论如何将文件保存至本地文件系统中，以及如何处理全局键盘快捷方式。相关平台应支持 Cmd+S（macOS）或 Ctrl+S（Windows 或 Linux 桌面环境）命令。

对此，在 menu.js 文件中重新注册一个新的全局快捷方式。Electron 框架将对此进行处理，且与焦点窗口无关。即使未显示任何窗口，Electron 也可采用全局方式处理注册的快捷方式。当应用程序最小化至托盘时，常会使用到这一功能。

（1）更新 menu.js 文件并从 Electron 框架中导入 globalShortcut 对象。

```
const { globalShortcut } = require('electron');
```

该对象可访问快捷方式注册工具。下面代码展示了如何注册一个跨平台的通用快捷方式。

```
app.on('ready', () => {
  globalShortcut.register('CommandOrControl+S', () => {
    console.log('Saving the file');
```

```
    });
});
```

注意，对应的快捷方式称作 CommandOrControl+S，这意味着，如果应用程序运行于 macOS 上，那么 Electron 将监听 Cmd+S 操作；而在其他情况下则接收 Ctrl+S 操作，其方便性不言而喻。

（2）运行或重启应用程序。取决于所用的平台，可多次按下 Cmd+S 或 Ctrl+S 组合键。

（3）切换至 Terminal 并检查应用程序的输出结果。此时应可看到之前生成的初始消息，以及每次单击操作生成的 Saving the file 字符串，如下所示。

```
Received reply from web page: Page Loaded
Saving the file
Saving the file
Saving the file
```

这也说明，代码可处于工作状态，Electron 应用程序可处理全局快捷方式。接下来需要获取 Markdown 编辑器的内容，并将其保存至一个文件中。

对此，考查下列各项步骤。

（1）Node.js 向浏览器窗口发送一条消息，并通知浏览器将要保存一个文件。

（2）渲染进程析取用户内容的原始文本值，并通过另一条消息发回至 main 进程中。

（3）最后，Node.js 将接收数据、调用系统对话框以保存文件，并将某些内容写入本地磁盘中。

（4）前述内容已经介绍了如何发送消息。具体来说，我们采用 editor-event 通道将 toggle-bold 发送至渲染器进程中。相应地，读者可尝试复用同一通道，并发送 save 命令，如下所示。

```
app.on('ready', () => {
  globalShortcut.register('CommandOrControl+S', () => {
    console.log('Saving the file');
    const window = BrowserWindow.getFocusedWindow();
    window.webContents.send('editor-event', 'save');
  });
});
```

在渲染器进程一侧，我们还持有一个事件监听器。当前，我们需要一个额外的条件处理程序。

（5）当 save 消息到达后，可调用 editor.getValue()获取 Markdown 编辑器中的实际文本，并通过 save 通道名将其返回。

```
if (arg === 'save') {
  event.sender.send('save', editor.getValue());
}
```

（6）与之前的实现类似，客户端处理程序如下。

```
const { ipcRenderer } = require('electron');

ipcRenderer.on('editor-event', (event, arg) => {
  console.log(arg);
  event.sender.send('editor-reply', 'Received ${arg}');

  if (arg === 'toggle-bold') {
    editor.toggleBold();
  }

  if (arg === 'save') {
    event.sender.send('save', editor.value());
  }
});
```

（7）在 menu.js 文件中，针对渲染器进程引发的 save 事件设置监听器。

```
ipcMain.on('save', (event, arg) => {
  console.log('Saving content of the file');
  console.log(arg);
});
```

出于简单考虑，此处仅将接收到的数据置于 Terminal 输出中，以便验证消息机制是否以期望方式工作。

（8）在开始测试数据流之前，需要验证 menu.js 中消息机制的实现，如下所示。

```
app.on('ready', () => {
  globalShortcut.register('CommandOrControl+S', () => {
    console.log('Saving the file');

    const window = BrowserWindow.getFocusedWindow();
    window.webContents.send('editor-event', 'save');
  });
});
```

```
ipcMain.on('save', (event, arg) => {
  console.log('Saving content of the file');
  console.log(arg);
});

ipcMain.on('editor-reply', (event, arg) => {
  console.log('Received reply from web page: ${arg}');
});
```

这有助于理解 Terminal 窗口中的所有字符串源自何处。

（9）重启应用程序并输入 hello world。随后单击 H 按钮将文本转换为 Heading 元素，
如图 2.16 所示。

图 2.16

当应用程序处于运行状态时，在 Terminal 窗口检查完毕后，将看到源自之前设置的
所有消息处理程序的输出结果，如下所示。

```
Received reply from web page: Page Loaded
Saving the file
Received reply from web page: Received save
Saving content of the file
# hello world
```

注意，我们还可查看全部文本内容。对此，尝试编辑更多的文本内容，并按下 Cmd+S
或 Ctrl+S 组合键，确保最新的文本值出现于 Terminal 输出结果中。

接下来将讨论如何将文件保存至本地磁盘中。

Electron 框架支持保存、打开、配置等操作，且对应的对话框为每种平台的本地对话框。下面将使用 macOS 平台查看 macOS 用户较为熟悉的本地保存对话框。运行于 Windows 环境中的相同代码将触发 Windows 形式的对话框。

首先将 dialog 对象导入 Electron 框架中的 menu.js 文件。

```
const {
  app,
  Menu,
  shell,
  ipcMain,
  BrowserWindow,
  globalShortcut,
  dialog
} = require('electron');
```

当前，我们可使用 showSaveDialog 方法，该方法接收一个父窗口对象引用，以及一组用于自定义对话框行为的选项。

在当前示例中，我们将设置对话框的 title，并将对应格式限定为.md，即 Markdpwn 文件扩展。

```
ipcMain.on('save', (event, arg) => {
  console.log('Saving content of the file');
  console.log(arg);

  const window = BrowserWindow.getFocusedWindow();
  const options = {
    title: 'Save markdown file',
    filters: [
      {
        name: 'MyFile',
        extensions: ['md']
      }
    ]
  };

  dialog.showSaveDialog(window, options);
});
```

ℹ️ 注意:

关于对话框和可用选项列表，读者可参考 Electron 文档，对应网址为 https://electronjs. org/docs/api/dialog。

　　另外，showSaveDialog 接收的 3 个参数，即用户通过 Save 或 Cancel 按钮关闭对话框时调用的回调函数。其中，第 1 个回调参数提供了保存内容时的文件路径。

　　接下来考查整体工作方式。

　　（1）在 console.log 方法中，添加文件输出的路径名。

```
dialog.showSaveDialog(window, options, filename => {
  console.log(filename);
});
```

　　（2）重启应用程序，输入# hello world 并按下 Cmd+S 或 Ctrl+S 组合键。图 2.17 显示了本地 Save 对话框。

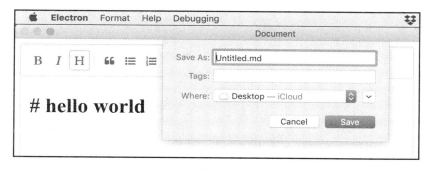

图 2.17

　　（3）将当前文件名修改为 test，以使最终的文件名为 test.md 并单击 Save 按钮。

　　（4）切换至 Terminal 窗口并查看输出结果，其中包含了通过 Save 对话框提供的文件的完整路径。在当前示例中，macOS 平台的输出结果如下。

```
/Users/<username>/Desktop/test.md
```

某些时候，macOS 用户可能会在 Terminal 中看到下列消息。

```
objc[4988]: Class FIFinderSyncExtensionHost is implemented in both
/System/Library/PrivateFrameworks/FinderKit.framework/Versions/
A/FinderKit (0x7fff9c38e210) and
/System/Library/PrivateFrameworks/FileProvider.framework/
OverrideBundles/FinderSyncCollaborationFileProviderOverride.bundle/
Contents/MacOS/FinderSyncCollaborationFileProviderOverride
(0x11ad85dc8).
One of the two will be used. Which one is undefined.
```

这是一类已知问题，期望在后续的 macOS 和 Electron 版本中加以改进。当前可忽略这一问题。

此时，键盘组合键处于可工作状态，应用程序显示了 Save 对话框，并将文件路径传递至 main 进程中。接下来需要保存文件。

（5）当处理文件时，需要从 Node.js 文件系统工具中导入 fs 对象。

```
const fs = require('fs');
```

这里主要关注 writeFileSync 函数，该函数接收文件路径和数据，并在写入操作结束后调用回调函数。

（6）回调函数返回 String 或 undefined。具体来说，如果提供了回调函数，则返回用户选择的文件路径；如果对话框被取消，则返回 undefined。这体现了空（null）检查的重要性。

（7）检查是否提供了 filename 值，并通过 fs.writeFileSync 方法保存文件，如下所示。

```
dialog.showSaveDialog(window, options, filename => {
  if (filename) {
    console.log('Saving content to the file: ${filename}');
    fs.writeFileSync(filename, arg);
  }
});
```

（8）重启应用程序并重复上述步骤。输入某些文本，按下快捷键并选取文件的位置和名称。

（9）此时文件将出现于文件系统中。对此，读者可利用 File 浏览器进行查看，并通过文本编辑器打开 File 浏览器，这将包含之前输入的内容，如图 2.18 所示。

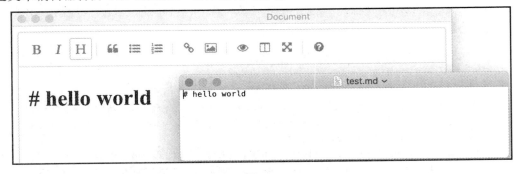

图 2.18

（10）至此，全部工作结束。最终的 save 事件处理程序实现如下。

```
ipcMain.on('save', (event, arg) => {
  console.log('Saving content of the file');
  console.log(arg);
```

```
const window = BrowserWindow.getFocusedWindow();
const options = {
  title: 'Save markdown file',
  filters: [
    {
      name: 'MyFile',
      extensions: ['md']
    }
  ]
};

dialog.showSaveDialog(window, options, filename => {
  if (filename) {
    console.log('Saving content to the file: ${filename}');
    fs.writeFileSync(filename, arg);
  }
});
});
```

本节我们完成了以下各项任务。

❑　将 save 事件发送至客户端。

❑　浏览器代码处理对应的事件、获取文本编辑器的当前值，并将其发回 Node.js 一侧。

❑　Node.js 一侧处理事件并调用系统 Save 对话框。

❑　在用户定义了文件名并单击 Save 按钮后，对应内容将被保存至本地文件系统中。

至此，我们能够从应用程序中调用系统级别的 Save 对话框。接下来将学习如何从本地系统中加载文件。

2.4.10　从本地系统中加载文件

目前我们已经拥有了 Open File 功能并为其注册了全局键盘快捷方式，本节将考查如何将文件从本地文件系统加载回编辑器组件中。

（1）更新 menu.js 文件。取决于用户的桌面平台，针对 Cmd+O 或 Ctrl+O 注册第 2 个全局快捷方式。

```
globalShortcut.register('CommandOrControl+O', () => {
    // show open dialog
});
```

之前导入了 Electron 框架中的 dialog 对象，并可以此调用系统的 Open 对话框。

（2）根据下列代码更新 menu.js 文件。

```
globalShortcut.register('CommandOrControl+O', () => {
    const window = BrowserWindow.getFocusedWindow();

    const options = {
      title: 'Pick a markdown file',
      filters: [
        { name: 'Markdown files', extensions: ['md'] },
        { name: 'Text files', extensions: ['txt'] }
      ]
    };

    dialog.showOpenDialog(window, options);
});
```

注意，此处提供了多个文件过滤器，用户可通过分组方式打开多种文件格式。出于简单考虑，这里仅允许用户打开 Markdowm 和纯文本文件。

（3）运行应用程序，并根据所采用的开发平台按下 Cmd+O 或 Ctrl+O 组合键。注意，系统对话框弹出后，默认状态下将选择 Markdown 文件，如图 2.19 所示。

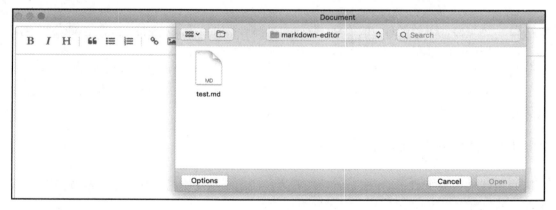

图 2.19

（4）此外还可通过本地 Open 对话框方式切换至 Text 文件组，如图 2.20 所示。

（5）返回至 menu.js 文件。类似于 Save 对话框，Open 对话框同样支持回调函数，此类函数向用户提供了与所选文件相关的信息。另外，用户可在不选取任何内容的情况下关闭对话框。

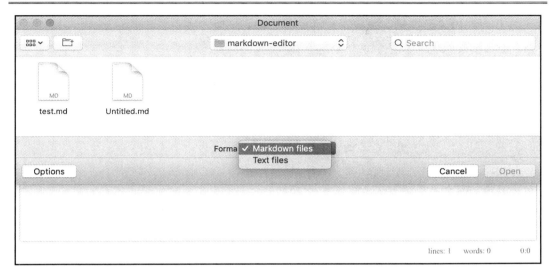

图 2.20

（6）在了解了编辑器应用程序的本质后，此处仅支持一次编辑一个文件。因此，如果用户执行了多项选择，这里仅选取第 1 个文件。

```
dialog.showOpenDialog(window, options, paths => {
  if (paths && paths.length > 0) {
    // read file and send to the renderer process
  }
});
```

（7）使用之前从 Node.js 中导入的 fs 对象以支持 Save 对话框。这里将关注 fs.readFileSync 方法。

（8）一旦读取了文件，需要通过 load 通道发送进程间的事件，以便渲染进程可监听并执行某些附加操作。

（9）更新 dialog.showOpenDialog 调用，如下所示。

```
dialog.showOpenDialog(window, options, paths => {
  if (paths && paths.length > 0) {
    const content = fs.readFileSync(paths[0]).toString();
    window.webContents.send('load', content);
  }
});
```

（10）在讨论渲染机制之前，应确保新的全局快捷方式实现如下。

```
globalShortcut.register('CommandOrControl+O', () => {
  const window = BrowserWindow.getFocusedWindow();
  const options = {
    title: 'Pick a markdown file',
    filters: [
      { name: 'Markdown files', extensions: ['md'] },
      { name: 'Text files', extensions: ['txt'] }
    ]
  };
  dialog.showOpenDialog(window, options, paths => {
    if (paths && paths.length > 0) {
      const content = fs.readFileSync(paths[0]).toString();
      window.webContents.send('load', content);
    }
  });
});
```

（11）打开 index.html 文件并定位于脚本部分，其中已经包含了某些进程通信处理操作。

（12）添加一个新的处理程序来监听加载通道和来自渲染进程的对应消息。

```
ipcRenderer.on('load', (event, content) => {
  if (content) {
    // do something with content
  }
});
```

（13）可以看到，我们验证了输入内容，以确保文本内容确实存在，并通过 editor.value (<text>)方法以及新的文本内容替换 Markdown 编辑器中的内容。

```
ipcRenderer.on('load', (event, content) => {
  if (content) {
    editor.value(content);
  }
});
```

（14）至此，我们介绍了实现 Open File 特性的全部内容。运行或重启 Electron 应用程序，按下 Cmd+O 或 Ctrl+O 组合键选择一个 Makdown 文件，如图 2.21 所示。

此时应可在屏幕上看到文件内容。一旦调用了 value()函数，SimpleMDE 组件将根据 Markdown 规则重新格式化一切内容。

图 2.21

2.4.11　创建一个文件菜单

前述内容讨论了两种文件管理特性，即 Open 和 Save，本节将介绍专有的应用程序菜单项，以便用户可使用鼠标执行这些操作。

在考查应用程序菜单模板之前，首先需要重构文件处理机制，以使代码更具复用性。另外，我们还需要从菜单项单击处理程序中调用对话框。

（1）将负责保存存储机制的代码移至新的 saveFile 函数中，如下所示。

```
function saveFile() {
  console.log('Saving the file');

  const window = BrowserWindow.getFocusedWindow();
  window.webContents.send('editor-event', 'save');
}
```

（2）重构文件加载代码并将其移至 loadFile 函数中。

```
function loadFile() {
  const window = BrowserWindow.getFocusedWindow();
  const options = {
    title: 'Pick a markdown file',
    filters: [
      { name: 'Markdown files', extensions: ['md'] },
      { name: 'Text files', extensions: ['txt'] }
    ]
  };
  dialog.showOpenDialog(window, options, paths => {
    if (paths && paths.length > 0) {
      const content = fs.readFileSync(paths[0]).toString();
```

```
    window.webContents.send('load', content);
    }
  });
}
```

（3）当前 app.ready 事件处理程序具有一致性和可读性。

```
app.on('ready', () => {
  globalShortcut.register('CommandOrControl+S', () => {
    saveFile();
  });

  globalShortcut.register('CommandOrControl+O', () => {
    loadFile();
  });
});
```

（4）接下来构建 File 菜单模板，在前述内容的基础上，这一过程并不困难。对此，更新 menu.js 文件的 template 常量，如下所示。

```
const template = [
  {
    label: 'File',
    submenu: [
      {
        label: 'Open',
        accelerator: 'CommandOrControl+O',
        click() {
          loadFile();
        }
      },
      {
        label: 'Save',
        accelerator: 'CommandOrControl+S',
        click() {
          saveFile();
        }
      }
    ]
  }
];
```

（5）注意，当在 macOS 上运行时，菜单项将显示与 macOS 相关的键盘加速键，即菜单中的 Cmd+O 或 Cmd+S；而对于 Linux 和 Windows 平台，则显示 Ctrl+O 或 Ctrl+S，如图 2.22 所示。

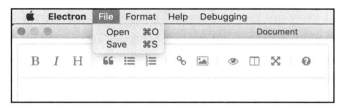

图 2.22

尝试单击菜单项或按下对应的组合键，也就是说，当前可使用鼠标和键盘管理文件。至此，我们集成了菜单和键盘快捷方式，并完成了下列任务。

❑ 访问本地文件系统。

❑ 读写文件。

❑ 使用 Save 和 Load 对话框。

❑ 连接键盘快捷方式（加速键）。

另外，终端用户可能还希望能够执行拖曳功能，下面将着手解决这一问题。

2.5　添加拖曳功能

对于小型 Markdown 编辑器应用程序来说，另一个较好的特性是将文件拖曳至窗口。相应地，应用程序用户应能够将一个 Markdown 文件拖曳至编辑器的表面，并可使用文件中的相关内容。另外。这一操作也有助于实现 Electron 框架中的一些附加特性。

（1）针对运行于 Electron 上的整个 Web 页面，启动拖曳操作的最简单的方法是设置 body 元素的 ondrop 事件处理程序。

```
<body ondrop="dropHandler(event);">
  <!-- page content -->
</body>
```

（2）当前，拖曳处理程序事件可简单地实现为将某条消息置于浏览器控制台的输出中。这里，最为重要的部分是防止某些默认行为，并通知其他 DOM 元素我们正在负责执行 drop 操作。

```
<script>
function dropHandler(event) {
```

```
    console.log('File(s) dropped');
    event.preventDefault();
}
</script>
```

（3）打开 Console 选项卡，运行 Chrome Developer Tools，并将某个文件从系统中拖曳至 Markdown 编辑器区域中，如图 2.23 所示。

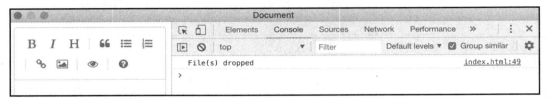

图 2.23

注意：

关于 HTML5 的拖曳处理机制，读者可访问 https://developer.mozilla.org/en-US/docs/Web/API/HTML_Drag_and_Drop_API/File_drag_and_drop 以了解更多内容。

（4）编写代码读取用户拖曳的文件内容，并在浏览器控制台中显示文本。对应代码如下。

```
function dropHandler(event) {
  event.preventDefault();

  if (event.dataTransfer.items) {
    if (event.dataTransfer.items[0].kind === 'file') {
      var file = event.dataTransfer.items[0].getAsFile();
      if (file.type === 'text/markdown') {
        var reader = new FileReader();
        reader.onload = e => {
          console.log(e.target.result);
        };

        reader.readAsText(file);
      }
    }
  }
}
```

（5）注意，这里通过 MIME 类型过滤掉了被拖曳的文件，该类型等于 text/markdown 值，这意味着需要使用包含.md 扩展的文件。另外，如果用户拖曳多个文件，这里仅接收第 1 个文件。

（6）运行应用程序，打开 Chrome Developer Tools，并将一个 Markdown 文件拖曳至编辑器。这可以是任何文件，在当前示例中为 README.md 文件，如图 2.24 所示。

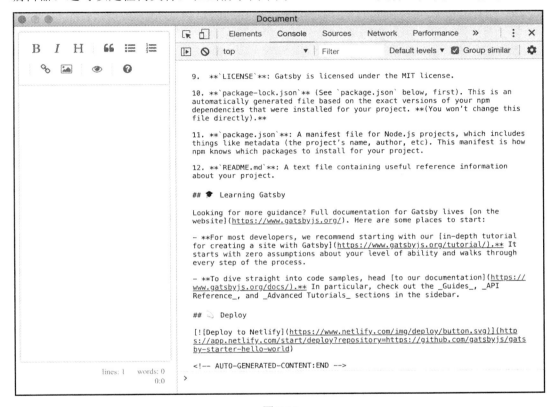

图 2.24

可以看到，Markdown 文件的文本内容呈现于浏览器的控制台输出中。

（7）实现过程中的最后一部分内容较为直观。之前定义了一个指向 SimpleMDE 编辑器实例的引用，因而当前唯一的任务是调用 codemirror，以设置新的文本值，如下所示。

```
var reader = new FileReader();
reader.onload = e => {
  // console.log(e.target.result);
  editor.codemirror.setValue(e.target.result);
};
```

（8）运行当前应用程序，可以看到，被拖曳的文件直接呈现于 Markdown 编辑器中，如图 2.25 所示。

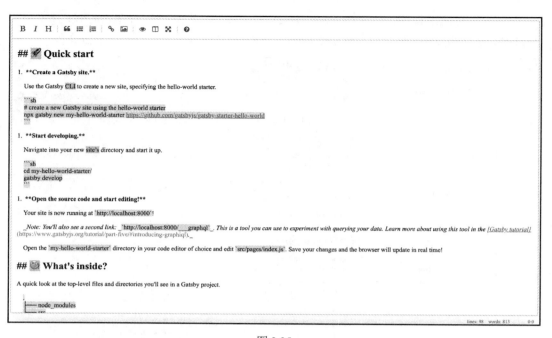

图 2.25

当前实现过程可正常工作，读者可尝试清除 console.log 调用中的代码。接下来将讨论如何利用 Markdown 编辑器应用程序支持自动更新功能。

2.6　支持自动更新功能

我们在 Electron 应用程序中使用的 electron-builder 项目也支持自动更新功能。本节将学习如何配置一个 GitHub 存储库，以存储和发布应用程序更新版本。

Markdown 编辑器应用程序在每次启动时将检查新版本，如果存在更新版本则通知用户。下面设置 Electron 应用程序的自动更新功能。

（1）创建一个新的 GitHub 并将其命名为 electron-updates。这里，利用 README 文件对其进行初始化，以节省克隆时间，同时设置初始内容，如图 2.26 所示。

💡 提示：

针对新的 GitHub 存储库，建议选择 Public 模式，这将大大简化整体配置和更新过程。

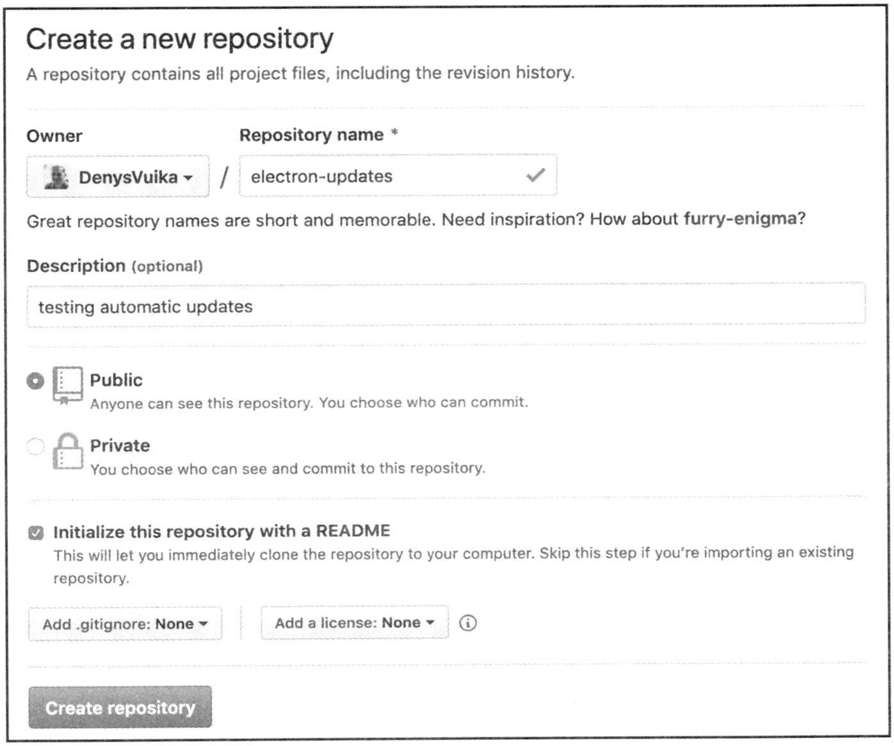

图 2.26

ⓘ 注意：

相应地，也可采用 Private 模式。根据文档内容，Private 更新需要使用身份验证令牌，并且仅用于极端情况。

（2）生成独立的身份验证令牌，以使应用程序可访问 GitHub 并获取更新内容，如图 2.27 所示。

ⓘ 注意：

建议遵循文档中的处理过程，对应网址为 https://help.github.com/en/articles/creating-a-personal-access-token-for-the-command-line。另外，还可生成新的令牌，具体可参考 https://github.com/settings/tokens/new。

注意，利用 GitHub 的 Web 界面生成的访问令牌应包含 scope/permission 存储库设置。

（3）一旦获取了令牌，即可将其保存于某处——在命令行中需要将其用作 GH_

TOKEN 环境变量，如图 2.28 所示。

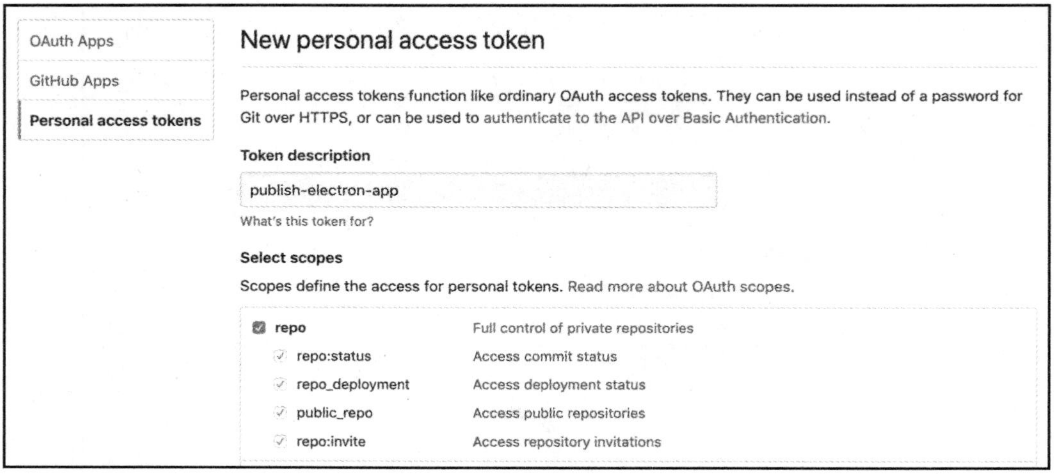

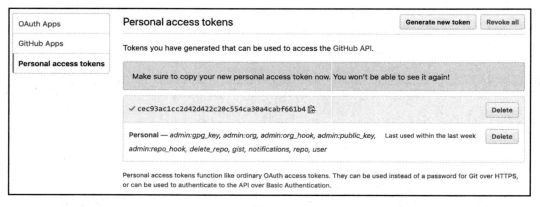

图 2.27

图 2.28

在当前示例中，出于演示目的，对应的令牌表示为一个值，如下所示。

```
cec93ac1cc2d42d422c20c554ca30a4cabf661b4
```

需要注意的是，令牌是独有内容且相当于密码，因而不要与他人分享，也不要将其置于源代码中。对于本章中的其余示例，我们将以环境变量的形式从命令行中使用访问令牌。

（4）安装 electron-updater 依赖项，以在 Markdown 编辑器项目中启用自动更新检测支持。

```
npm i electron-updater
```

（5）更新 package.json 文件，并添加构建和发布设置，如下所示。

```json
{
  "name": "markdown-editor",
  "version": "1.1.0",
  "description": "",
  "main": "index.js",

  "scripts": {
    "start": "DEBUG=true electron ."
  },

  "build": {
    "appId": "com.my.markdown-editor",
    "publish": {
      "provider": "github",
      "owner": "<username>",
      "repo": "electron-updates"
    }
  }
}
```

（6）将 GitHub 账户名用作 owner 属性值，并将 electron-updates 用作 repo 值。这就是创建 GitHub 项目后的调用方式。

接下来介绍如何发布 macOS 版本。

（1）更新 package.json 文件的 scripts，如下所示。

```json
{
  "scripts": {
    "publish:github": "build --mac -p always"
  }
}
```

ℹ️ 注意:

关于自动更新的更多细节内容，读者可参考在线文档，对应网址为 https://www.electron.build/auto-update。

（2）当前暂时不要运行 publish 命令，我们需要将自动更新检查连接至代码中。

（3）在 index.js 文件中，导入 electron-updater 库中的 autoUpdater 对象。

```js
const { autoUpdater } = require('electron-updater');
```

（4）检查应用程序的新版本较为简单，全部工作是调用 autoUpdater 对象的 checkForUpdatesAndNotify 方法——Electron 库将处理其余功能。

（5）更新 index.js 文件中的 ready 事件，如下所示。

```
app.on('ready', () => {
  window = new BrowserWindow({
    ...
  });
  window.loadFile('index.html');
  autoUpdater.checkForUpdatesAndNotify();
});
```

这里创建了一个窗口、加载了 index.html 文件以显示用户界面，并于随后初始化更新检查。更新程序检查 GitHub 存储库，并于后台对其进行发布，以使用户在不中断的情况下继续使用应用程序。

（6）index.js 文件中的最后一部分内容如下所示。

```
const { app, BrowserWindow, Menu } = require('electron');
const menu = require('./menu');
const { autoUpdater } = require('electron-updater');

let window;

app.on('ready', () => {
  window = new BrowserWindow({
    width: 800,
    height: 600,
    webPreferences: {
      nodeIntegration: true
    }
  });
  window.loadFile('index.html');

  autoUpdater.checkForUpdatesAndNotify();
});

Menu.setApplicationMenu(menu);
```

（7）运行下列命令并将第 1 个应用程序版本发布至 GitHub 中。

```
GH_TOKEN=cec93ac1cc2d42d422c20c554ca30a4cabf661b4
npm run publish:github
```

（8）不要忘记向 GH_TOKEN 环境变量提供相应的令牌值。Terminal 窗口中可能会显示大量信息，该工具将编译应用程序、对程序进行签名、将程序上传至 GitHub 存储库并发布草案内容。

（9）日志的最后一部分内容如下。

```
building target=macOS zip arch=x64 file=dist/
markdown-editor-1.0.0-mac.zip
building target=DMG arch=x64 file=dist/
markdown-editor-1.0.0.dmg
building block map blockMapFile=dist/
markdown-editor-1.0.0.dmg.blockmap
publishing publisher=Github (owner: DenysVuika, project:
electron-updates, version: 1.0.0)
uploading file=markdown-editor-1.0.0.dmg.blockmap provider=GitHub
uploading file=markdown-editor-1.0.0.dmg provider=GitHub
creating GitHub release reason=release doesn't exist tag=v1.0.0
version=1.0.0 [======== ] 38% 25.6s | markdown-editor-1.0.0.dmg
to GitHub
building embedded block map file=dist/markdown-editor-1.0.0-mac.zip
[======== ] 40% 24.4s | markdown-editor-1.0.0.dmg
to GitHub
uploading file=markdown-editor-1.0.0-mac.zip provider=GitHub
[===================] 100% 0.0s | markdown-editor-1.0.0.dmg
to GitHub
[===================] 100% 0.0s | markdown-editor-1.0.0-mac.zip
to GitHub
```

ℹ️ 注意：

注意执行过程中的主要步骤，即构建、上传和创建 GitHub 版本。如果输出结果完全正确，则可视为发布成功。

（10）访问 GitHub 存储库并切换至 Releases。此时应可看到新的 Release-Draft，其中包含了将要发布的多个文件，如图 2.29 所示。

回忆一下，之前针对构建和打包配置了 macOS 目标，这就是为什么多个不同的下载链接均与 macOS 平台相关。一旦启用了其他目标，即会在 Release-Draft 页面上查看到更多的条目，包括 Windows 安装程序和 Linux 包。

另外，用户还可多次发布至发布版本草案中。具体的版本取决于 package.json 文件中的 version 字段值。

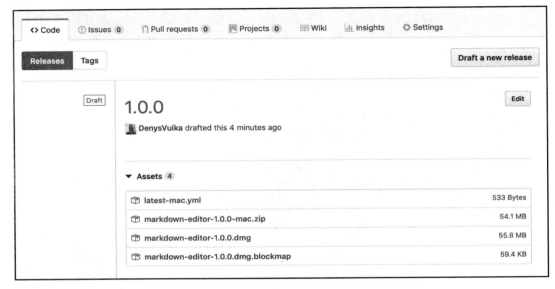

图 2.29

（11）若第 1 个版本符合要求，可单击 Edit 按钮，填写与当前版本相关的细节信息，并单击 Publish release 按钮，如图 2.30 所示。

图 2.30

一旦发布完毕，应用程序即对所有用户有效。接下来将考查自动更新的实际应用。

由于需要安装应用程序的某一个版本并发布新的版本，同时查看输出结果，因而自动更新的整个测试过程需要执行多项步骤。

（1）访问发布页面并下载安装程序包。对于 macOS，这是一个.dmg 格式的文件，如图 2.31 所示。

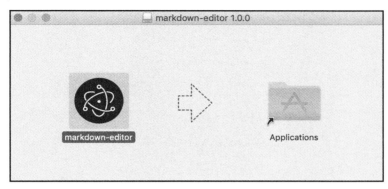

图 2.31

（2）安装并运行该应用程序，以确保该程序以期望方式运行。当前暂时关闭该程序并于稍后执行。

（3）更新 package.json 文件，并将 version 属性设置为 1.1.0。此外，还可运行下列命令更新文件。

```
npm version minor
```

（4）输出结果如下。

```
v1.1.0
```

（5）再次运行 publish 命令，并生成新的发布草案。

```
GH_TOKEN=<YOUR-TOKEN> npm run publish:github
```

（6）当前，GitHub 上包含两个发布版本，并包含版本 1.1.0 的新草案，如图 2.32 所示。

（7）执行相同的操作步骤，并发布新的版本。随后，运行之前下载并安装的应用程序。

（8）在经历几秒的启动时间后，自动更新程序将显示一个系统通知，表明应用程序的新版本已经下载完毕，并处于安装就绪状态，如图 2.33 所示。

（9）退出当前程序并再次运行。此时将使用最新的版本，即版本 1.1.0（在本书编写时）。

图 2.32

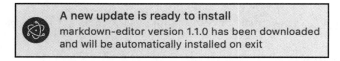

图 2.33

（10）可使用 Electron 标准框架检查应用程序版本是否为最新，如图 2.34 所示。

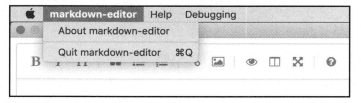

图 2.34

（11）当前版本号为 1.1.0，如图 2.35 所示。

至此，应用程序的发布和自动化更新设置暂告一段落。

作为练习，读者可尝试针对其他平台配置构建和发布机制。如果持有真实的机器设备或虚拟机，请确保在 Windows 或 Ubuntu Linux 平台上测试安装和升级过程。

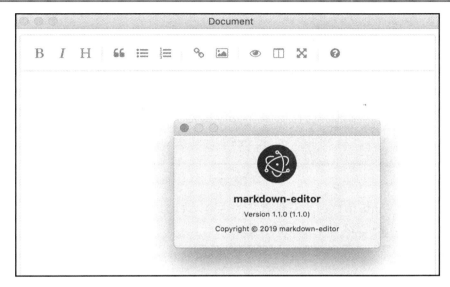

图 2.35

稍后将讨论如何为应用程序设置相应的标题。

2.7　修改应用程序的标题

在整个应用程序开发过程中，读者可能已经注意到窗口一般被称作 Document，如图 2.36 所示。

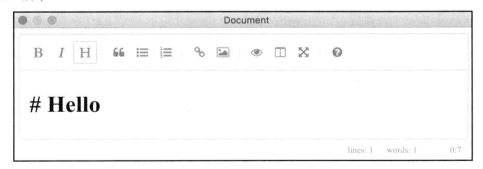

图 2.36

这并非是 Electron 框架的问题，页面的标题源自 index.html 文件中的<title>标签，如图 2.37 所示。

```
<!DOCTYPE html>
<html lang="en">
  <head>
    <meta charset="UTF-8" />
    <meta name="viewport" content="width=device-width, initial-scale=1.0" />
    <meta http-equiv="X-UA-Compatible" content="ie=edge" />
    <title>Document</title>
    <link
      rel="stylesheet"
      href="./node_modules/simplemde/dist/simplemde.min.css"
    />
```

图 2.37

相应地，可将 title 值修改为更具意义的内容，如 My Markdown Application，并于随后重启应用程序。图 2.38 显示了新的标题。

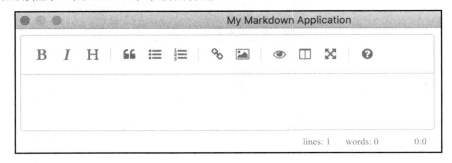

图 2.38

对此，读者可尝试提供不同的名称值。通常，该名称值与 package.json 文件中的 name 属性保持一致。

2.8　本　章　小　结

本章创建了最小化的 Markdown 编辑器，包括第三方编辑器组件的集成、键盘组合键的连接，以及浏览器和 Electron 框架中 Node.js 间的消息机制。相信读者已对应用程序部署、自动更新，以及基于 GitHub 存储库的简单的发布版本管理有所了解。

接下来，我们学习了如何利用系统菜单集成构建基本的桌面应用程序，并访问本地文件系统，这也是后续 Electron 项目的基本框架。然而，Electron 框架针对 Web 应用程序提供了封装器，因而我们仍需要确定是否使用纯 JavaScript、HTML 和 CSS，或者使用现有的 Web 框架提升运行速度。第 3 章将对此加以讨论。

第 3 章　与 Angular、React 和 Vue 集成

随着 Web 技术和框架的快速发展，我们不再需要从头构建 Web 应用程序。对此，存在多个组件库、特性库、扩展和框架，并针对需求整合了大多数可复用的构造块。

本章将考查大多数开发人员所采用的 3 个主要框架。

❑ Google 所支持的 Angular。

❑ Facebook 所支持的 React。

❑ Evan You 及其赞助商所支持的 Vue.js。

针对每种不同的框架，我们将学习 3 个不同项目的构建过程，其间涉及实时重载特性、集成 UI 工具箱和组件库、设置应用程序路由机制。

本章主要涉及以下主题。

❑ 利用 Angular 构建 Electron 应用程序。

❑ 利用 React 构建 Electron 应用程序。

❑ 利用 Vue.js 构建 Electron 应用程序。

3.1　技　术　需　求

在开始本章内容之前，读者需要配备一台运行 macOS、Windows 或 Linux 操作系统的笔记本电脑或桌面电脑。

本章需要安装的软件如下。

❑ Git 版本控制系统。

❑ 基于节点包管理器（NPM）的 Node.js。

❑ 免费、开源的代码编辑器 Visual Studio Code。

读者可访问 GitHub 存储库查看本章代码文件，对应网址为 https://github.com/PacktPublishing/Electron-Projects/tree/master/Chapter03。

3.2　利用 Angular 构建 Electron 应用程序

本节假设读者已对 Angular 框架有所了解。当进一步深入考查时，读者可参考 Angular

Quickstart 部分中的内容，对应网址为 https://angular.io/guide/quickstart。

为了提升应用程序的运行速度，我们将使用 Angular CLI。Angular CLI 是一个由 Angular 团队维护的项目，其官方文档（https://angular.io/cli#cli-overview-and-command-reference）描述如下。

"Angular CLI 是一个命令行界面工具，并可以此初始化、开发、搭建和维护 Angular 应用程序。我们可在命令 Shell 中直接使用该工具；或者通过交互式 UI（如 Angular Console）间接使用该工具。"

通过 NPM 包管理器，我们可安装 Angular CLI 的最新版本。通常情况下，开发人员将其安装为全局工具，以便通过命令行工具或 Terminal 应用程序在任何文件夹中生成新项目。

关于 Angular CLI 的更多信息以及所有支持的命令列表及其详细说明，读者可访问 https://angular.io/cli。

运行下列命令安装 CLI：

```
npm i -g @angular/cli@latest
```

对应的输出结果如下。

```
/usr/local/bin/ng -> /usr/local/lib/node_modules/@angular/cli/bin/ng
+ @angular/cli@7.3.8
```

NPM 包下载并安装 Angular CLI 及其全部依赖项。在操作完成后，NPM 还将注册一个新的全局 ng 命令以供使用。

接下来创建第 1 个 Angular 项目，其间将结合使用 Electron Shell。

3.2.1　生成 Angular 项目

本节将学习如何构建一个遵循 Angular 开发实践的新项目。

（1）运行下列命令，生成一个名为 integrate-angular 的新 Angular 项目。

```
ng new integrate-angular
cd integrate-angular
```

Angular CLI 通常会询问一些问题，以确认最终应用程序中所包含的附加特性。

（2）对于路由机制的支持，可输入 Y 并按下 Enter 键。

```
Would you like to add Angular routing? (y/N)
Y
```

（3）关于样式表的格式，可选择 SCSS，如下列代码所示。

```
Which stylesheet format would you like to use? (Use arrow keys)
SCSS
```

（4）上述代码的输出结果如图 3.1 所示。

```
[? Would you like to add Angular routing? Yes
 ? Which stylesheet format would you like to use? SCSS   [ https://sass-lang.com/
 documentation/syntax#scss               ]
CREATE integrate-angular/README.md (1033 bytes)
CREATE integrate-angular/.editorconfig (246 bytes)
CREATE integrate-angular/.gitignore (631 bytes)
CREATE integrate-angular/angular.json (3769 bytes)
CREATE integrate-angular/package.json (1291 bytes)
CREATE integrate-angular/tsconfig.json (543 bytes)
CREATE integrate-angular/tslint.json (1988 bytes)
CREATE integrate-angular/browserslist (429 bytes)
CREATE integrate-angular/karma.conf.js (1029 bytes)
CREATE integrate-angular/tsconfig.app.json (270 bytes)
CREATE integrate-angular/tsconfig.spec.json (270 bytes)
CREATE integrate-angular/src/favicon.ico (5430 bytes)
CREATE integrate-angular/src/index.html (303 bytes)
CREATE integrate-angular/src/main.ts (372 bytes)
CREATE integrate-angular/src/polyfills.ts (2838 bytes)
CREATE integrate-angular/src/styles.scss (80 bytes)
CREATE integrate-angular/src/test.ts (642 bytes)
CREATE integrate-angular/src/assets/.gitkeep (0 bytes)
CREATE integrate-angular/src/environments/environment.prod.ts (51 bytes)
CREATE integrate-angular/src/environments/environment.ts (662 bytes)
CREATE integrate-angular/src/app/app-routing.module.ts (246 bytes)
CREATE integrate-angular/src/app/app.module.ts (393 bytes)
CREATE integrate-angular/src/app/app.component.scss (0 bytes)
CREATE integrate-angular/src/app/app.component.html (1152 bytes)
CREATE integrate-angular/src/app/app.component.spec.ts (1128 bytes)
CREATE integrate-angular/src/app/app.component.ts (222 bytes)
CREATE integrate-angular/e2e/protractor.conf.js (810 bytes)
     Successfully initialized git.
```

图 3.1

此处应注意 Angular CLI 如何针对用户生成一组文件。该工具在.gitignore 文件中提供
了各种各样的 NPM 和 Git 忽略规则；为 Typescript 和 Karma 测试运行程序提供了配置文
件，甚至还作为初始搭建的一部分内容提供了一组单元和端到端测试。

（5）查看 package.json 文件，特别是其中的通用信息和 scripts 部分。

```
{
  "name": "integrate-angular",
  "version": "0.0.0",
  "scripts": {
    "ng": "ng",
    "start": "ng serve",
```

```
    "build": "ng build",
    "test": "ng test",
    "lint": "ng lint",
    "e2e": "ng e2e"
  },
}
```

（6）Angular CLI 还将执行依赖项库的安装操作。对此，运行下列命令以使 Web 应用程序处于运行状态。

```
npm start
```

默认状态下，借助于 Angular CLI 生成的 Web 应用程序一般运行于 4200 端口上。我们可在后续过程中修改这一端口，当前则简单地使用这一默认条件。

（7）启动浏览器并访问 http://locahost:4200。随后即可看到 Angular CLI 生成的登录页面，如图 3.2 所示。

图 3.2

接下来将配置 Electron Shell，并与 Angular 代码协同工作。

3.2.2　将 Angular 项目与 Electron 集成

在 Angular 项目搭建完毕后，可将其与 Electron Shell 集成。

（1）在 Visual Studio Code 中打开当前项目，并在 Terminal 输入下列命令。

```
code .
```

接下来修改应用程序的标题，虽然这并非是强制行为。

（2）打开 src/index.html 文件并将 title 标签内容修改为 Angular with Electron，或任何其他的所选标题。

```
<title>Angular with Electron</title>
```

（3）将应用程序基本路径修改为./。

```
<base href="./" />
```

这使得全部资源均相对于 index.html 文件。当在 Electron Shell 中运行 Angular 应用时，这一步骤不可或缺。

（4）对应的输出结果如下。

```
<!DOCTYPE html>
<html lang="en">
  <head>
    <meta charset="utf-8" />
    <title>Angular with Electron</title>
    <base href="./" />
    <meta name="viewport" content="width=device-width,
      initial-scale=1" />
    <link rel="icon" type="image/x-icon" href="favicon.ico" />
  </head>
  <body>
    <app-root></app-root>
  </body>
</html>
```

（5）切换至 Command Prompt 或 Terminal 窗口。这里，我们需要将 electron 库安装至当前项目中。对此，可执行下列命令。

```
npm i electron -D
```

（6）这里，我们需要提供一个 main.js 文件，并将其注册到 package.json 文件中，以便作为启动时加载 Electron Shell 的主要入口点。每次 Electron 启动时，都会检查这一项内容并使用该文件。

（7）打开、编辑并更新 package.json 文件。

```
{
  "name": "integrate-angular",
  "version": "0.0.0",
  "main": "main.js",
  "scripts": {
    "ng": "ng",
    "start": "ng serve",
    "build": "ng build",
    "test": "ng test",
    "lint": "ng lint",
    "e2e": "ng e2e"
  },
}
```

（8）在项目的根文件夹中创建一个 main.js 文件，并向其中添加下列内容。

```
const { app, BrowserWindow } = require('electron');

let win;

function createWindow() {
  win = new BrowserWindow({ width: 800, height: 600 });

  win.loadFile('index.html');

  win.on('closed', () => {
    win = null;
  });
}

app.on('ready', createWindow);

app.on('window-all-closed', () => {
  if (process.platform !== 'darwin') {
    app.quit();
  }
});

app.on('activate', () => {
  if (win === null) {
    createWindow();
  }
});
```

🛈 **注意：**

　　读者可访问 https://electronjs.org/docs/tutorial/first-app 以了解更多内容。其中，Electron 团队提供了大量的示例和代码，以供用户使用。

　　上述代码表示为 Electron 窗口的最小化实现，后续代码将对此加以复用。

　　（9）在 main.js 代码中，首先需要修改 index.html 文件的获取位置。当在生产模式下编译一个 Angular 项目时，我们将在 dist 子文件夹中获得最终的应用程序工件。对此，可更改 winload.URL 调用。

```
win.loadURL('file://${__dirname}/dist/index.html')
```

　　对于有经验的开发人员，如果工作区内包含多个项目，可能需要在输出中以全局方式指定项目文件夹名称。

```
win.loadURL('file://${__dirname}/dist/integrate-angular/index.html');
```

　　（10）在结束配置之前，切换回 package.json 文件，并将 start 脚本重命名为 serve。随后，添加新的 start 脚本项，以调用 Electron 应用程序。

```
{
  "name": "integrate-angular",
  "version": "0.0.0",
  "main": "main.js",
  "scripts": {
    "ng": "ng",
    "serve": "ng serve",
    "start": "electron .",
    "build": "ng build",
    "test": "ng test",
    "lint": "ng lint",
    "e2e": "ng e2e"
  },
}
```

　　（11）在 VS Code 中启动 Terminal 窗口，或者使用其他 Command Prompt，并执行下列脚本。

```
npm run build
npm start
```

　　第 1 条命令以生产模式构建应用程序，并提供了一个 dist 文件夹，其中包含优化的脚本、样式和 HTML 文件。第 2 条命令启动了一个包含应用程序的 Electron Shell，以便可测试或调试特性。

（12）当前应用程序窗口如图 3.3 所示。

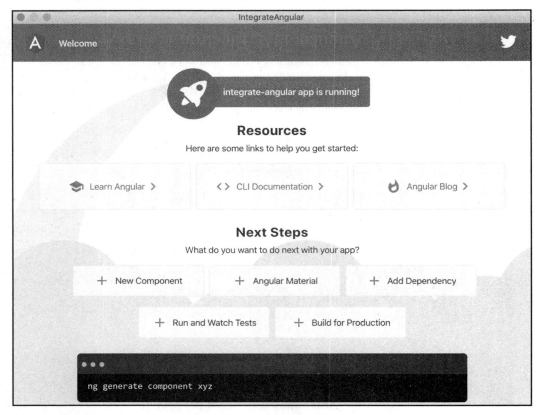

图 3.3

目前，项目已处于就绪状态。读者可能已经注意到，当测试代码或用户界面发生变化时，需要执行下列动作。

① 终止 Electron 应用程序。

② 终止运行 Web 服务器。

③ 修改代码。

④ 启动 Web 服务器。

⑤ 启动 Electron 应用程序。

接下来学习如何改进设置过程，以便在代码出现变化时，可自动重构和重载应用程序。

3.2.3　配置实时重载

实时重载（或热重载）特性可在每次代码出现变化时重载浏览器。当构建和测试 Web 应用程序时，开发人员常会使用这一特性。鉴于 Electron 包含了一个浏览器实例，因而实时重载特性也适用于桌面应用程序。

前述内容已经讨论了如何以本地方式处理 Angular CLI 应用程序，并通过访问 http://localhost:4200 在浏览器中对其加以使用。相应地，本地开发的解决方案是使 Electron 应用程序使用相同的地址加载主 index.html 内容，而不是预先构建的文件。

（1）更新 main.js，如下所示。

```
// win.loadURL('file://${__dirname}/dist/integrate-angular
    /index.html');

win.loadURL('http://localhost:4200');
```

接下来实际考查实时重载特性。

（2）运行 serve 命令，确保应用程序处于运行状态。

```
npm run serve
```

如果一切顺利，对应的输出结果如下。

```
Hash: 580d684324c23500227d
Time: 10770ms
chunk {es2015-polyfills} es2015-polyfills.js, es2015-polyfills.js.map
(es2015-polyfills) 284 kB [initial] [rendered]
chunk {main} main.js, main.js.map (main) 11.5 kB [initial] [rendered]
chunk {polyfills} polyfills.js, polyfills.js.map (polyfills)
  236 kB [initial] [rendered]
chunk {runtime} runtime.js, runtime.js.map (runtime) 6.08 kB
  [entry] [rendered]
chunk {styles} styles.js, styles.js.map (styles) 16.7 kB
  [initial] [rendered]
chunk {vendor} vendor.js, vendor.js.map (vendor) 3.76 MB
  [initial] [rendered]
i [wdm]: Compiled successfully.
```

记住 Angular CLI 构建的文件数量，稍后还会使用该值。

（3）切换至另一个 Terminal，并以并行方式启动 Electron 应用程序。

```
npm start
```

注意，当前的 Web 服务器仍处于运行状态。

（4）好消息是，可同时针对桌面和浏览器测试应用程序。在浏览器中访问 http://localhost:4200，可以看到，相同的代码运行于两个窗口中，如图 3.4 所示。当发生变化时，二者均被重载。

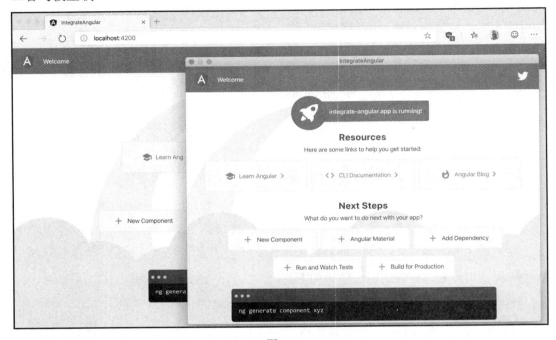

图 3.4

（5）打开浏览器并运行 Electron 应用程序，访问 src/app/app.component.ts 文件，并通过下列代码更新其内容以修改对应的标题。

```
import { Component } from '@angular/core';

@Component({
  selector: 'app-root',
  templateUrl: './app.component.html',
  styleUrls: ['./app.component.scss']
})
export class AppComponent {
  title = 'Angular Electron';
}
```

（6）查看 Web 服务器运行的 Terminal 实例。注意，当出现更新时，main.js 和

main.js.map 文件将被重新编译。

```
Hash: 042ed91436c7c2fe2749 - Time: 2046ms
5 unchanged chunks
chunk {main} main.js, main.js.map (main) 11.5 kB [initial] [rendered]
i ｢wdm｣: Compiled successfully.
```

（7）当运行浏览器和 Electron Shell 时，应用程序将自动重载。图 3.5 显示了更新后的标题。

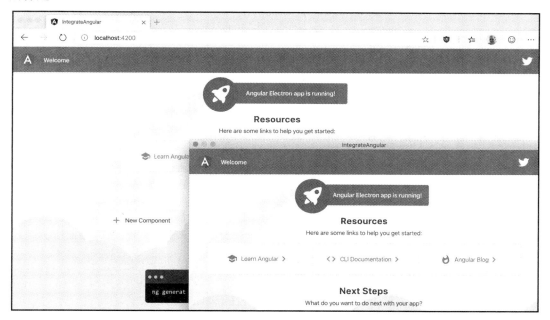

图 3.5

通常，运行于 Electron Shell 中的应用程序与 Web 客户端实现共享代码。作为示例，下面考查 Slack 或 Skype。我们可使用基于浏览器的 Web 客户端，或者下载基于 Electron 的桌面客户端。在文件管理、下载、系统通知和系统托盘方面，桌面客户端通常提供与底层操作系统更好的集成。

一种较好的实践方法是构建基于桌面的 Web 客户端，从而可检查相同的代码库在浏览器中的表现。这就是既可以运行桌面 Shell 又可以运行 Web 标签的原因。

3.2.4　设置生产版本

当采用本地方式进行开发时，可能需要使用实时重载（或热重载）。然而，当对发布版本打包时，应用程序需要访问生产输出结果。

　　Angular CLI 可通过生产模式快速编译 Web 应用程序。对此，可运行下列命令。

```
ng build --prod
```

　　根据 Angular 文档中的描述，--prod 开关执行下列任务。

　　"当为 true 时，将构建配置设置为生产目标。所有构建均使用绑定机制和有限的摇树（tree-shaking）机制。此外，生产构建还运行有限的死代码消除操作。"

　　这意味着将得到最小化和高度优化的输出结果，如图 3.6 所示。

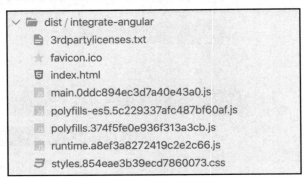

图 3.6

　　当准备生产构建版本时，可能会经常使用该命令。对此，较好的做法是设置一个快捷方式命令，以避免输入所有的参数。具体来说，可在 package.json 文件中设置一个对应项。

　　（1）更新 package.json 文件，以使 build.prod 脚本包含各种标记，进而可在后续操作过程中节省大量时间。

```
"build.prod": "ng build --prod",
```

　　（2）对于 Electron，还需要修改 index.html 文件中的基本路径这一属性。

```
<base href="./" />
```

　　（3）Angular CLI 中的 ng build 命令也提供了对当前场景的支持。对此，可使用 --baseHref 参数提供自定义值。

```
"build.prod": "ng build --prod --baseHref=./",
```

　　（4）除 dependencies 和 devDependencies 部分外，package.json 文件如下。

```
{
  "name": "integrate-angular",
  "version": "0.0.0",
  "main": "main.js",
  "scripts": {
    "ng": "ng",
    "serve": "ng serve",
    "start": "electron .",
    "build": "ng build",
    "build.prod": "ng build --prod --baseHref=./",
    "test": "ng test",
    "lint": "ng lint",
    "e2e": "ng e2e"
  },
}
```

（5）测试整个设置过程。对此，切换至 Terminal 或控制台窗口，并运行下列命令。

npm run build.prod

（6）查看 dist 文件夹中的 index.html 文件，此时应包含一个自定义的基本路径值，如图 3.7 所示。

```
integrate-angular ▸ dist ▸ integrate-angular ▸ 🆂 index.html ▸ ...
1    <!DOCTYPE html>
2    <html lang="en">
3      <head>
4        <meta charset="utf-8" />
5        <title>Angular with Electron</title>
6        <base href="./">
7        <meta name="viewport" content="width=device-width, initial-scale=1" />
8        <link rel="icon" type="image/x-icon" href="favicon.ico" />
9    <link rel="stylesheet" href="styles.3ff695c00d717f2d2a11.css"></head>
10     <body>
11       <app-root></app-root>
12       <script type="text/javascript" src="runtime.26209474bfa8dc87a77c.js">
13       </script><script type="text/javascript" src="es2015-polyfills.1e04665e16f944715fd2.js" nomodule></script>
14       <script type="text/javascript" src="polyfills.8bbb231b43165d65d357.js"></script>
15       <script type="text/javascript" src="main.11e22453b6987e6500ed.js"></script>
16     </body>
17   </html>
```

图 3.7

稍后将讨论如何设置条件加载支持。

3.2.5　设置条件加载

下面首先回顾一下应用程序的启动过程。

（1）当切换至 package.json 文件时，start 脚本内容如下。

```
"start": "electron ."
```

如前所述，Node.js 提供了环境变量的访问能力，以使应用程序可根据外部参数执行不同的行为。

（2）支持 DEBUG 参数则是一项标准操作。

```
{
  "start": "DEBUG=true electron ."
}
```

对于 Windows 用户，start 脚本则稍有不同。

```
{
  "start": "SET DEBUG=true && electron ."
}
```

（3）在当前示例中，对应的脚本设置如下。

```
{
  "scripts": {
    "ng": "ng",
    "serve": "ng serve",
    "start": "DEBUG=true electron .",
    "build": "ng build",
    "build.prod": "ng build --prod --baseHref=./",
    "test": "ng test",
    "lint": "ng lint",
    "e2e": "ng e2e"
  },
}
```

（4）在 main.js 文件中，当前可检查 process.env 对象，该对象包含 DEBUG 值并执行条件加载。

（5）针对开发模式，需要访问 http://localhost:4200 运行程序；而在生产模式下，则需要使用 dist/index.html。

```
if (process.env.DEBUG) {
  // load from running server on port 4200
} else {
  // load production build from the "dist" folder
}
```

（6）更新 main.js 文件，并对 createWindow 函数进行相应的调整。

```
function createWindow() {
  win = new BrowserWindow({ width: 800, height: 600 });

  if (process.env.DEBUG) {
    win.loadURL('http://localhost:4200');
  } else {
    win.loadURL('file://${__dirname}/dist/integrate-angular
      /index.html');
  }

  win.on('closed', () => {
    win = null;
  });
}
```

（7）一切完毕后，在一个 Terminal 窗口中运行 npm run serve，并等待服务器启动；随后在另一个窗口中运行 npm start。

```
npm run serve
npm start
```

鉴于我们采用 DEBUG 参数运行应用程序，Electron Shell 将借助于实时重载的支持在 http://localhost:4200 中显示内容。当以本地方式在应用程序上工作时，这也是我们期望的结果。

下面学习如何在 Angular 项目中使用 UI 工具箱。

3.2.6　使用 Angular Material 组件

在大多数时候，我们并不希望从头开始编写每个 UI 组件。针对于此，存在多个库可节省大量的时间，以使我们的注意力集中于主要事务中，即应用程序的业务逻辑。

其中，较为流行的组件库如下。

❑　谷歌推出的 Angular Material（https://material.angular.io/）。

❑　PrimeTek 推出的 PrimeNG（https://www.primefaces.org/primeng/#/）。

本节将使用谷歌发布的 Angular Material，读者也可于稍后尝试使用额外的组件库。

在项目中安装 Angular Material 并不复杂。Angular CLI 支持 ng add 命令，Angular Material 也对此提供了支持，进而可简化处理过程。Angular Material 的安装方式如下。

（1）运行下列命令。

```
ng add @angular/material
```

（2）针对当前情况，当 Angular CLI 询问预建主题时，可选择 Indigo/Pink 主题，如下所示。

```
Q: Choose a prebuilt theme name, or "custom" for a custom theme:
A: Indigo/Pink
```

（3）建议启用 HammerJS 手势支持，以及浏览器动画模块。

```
Q: Set up HammerJS for gesture recognition?
A: Y

Q: Set up browser animations for Angular Material?
A: Y
```

（4）在所有问题回答完毕后，Angular CLI 将安装对应的依赖项，甚至还会调整某些文件，并将当前库与项目集成。

```
UPDATE src/main.ts (391 bytes)
UPDATE src/app/app.module.ts (502 bytes)
UPDATE angular.json (4158 bytes)
UPDATE src/index.html (522 bytes)
UPDATE src/styles.scss (181 bytes)
```

随后可查看 Angular CLI 生成的文件，必要时还可进一步检查其中的内容。稍后将讨论项目的结构，以及安装 Angular Material 后 Angular CLI 所做出的调整内容。

1. 安装 Angular Material 后产生的变化

下面简要介绍一下 Angular CLI 为了安装 Angular Material 库做了哪些修改。当安装不支持 ng add 命令的第三方库时，这一现象十分常见。本节将考查针对 Angular 出现新组件库时应采取的措施。

（1）angular.json 文件获得 styles 数组中的附加引用。

```
"styles":
[
  "./node_modules/@angular/material/prebuilt-themes/indigo-pink.css",
  "src/styles.scss"
],
```

（2）index.html 当前包含了两个额外的字体，即 Roboto 和 MaterialIcons。当安装 Angular Material 组件时（如 MatIcon），读者可访问 https://material.io/tools/icons 查看应用程序可用的图标。

```
<link href="https://fonts.googleapis.com/css?
    family=Roboto:300,400,500" rel="stylesheet">
```

```
<link href="https://fonts.googleapis.com/icon?family=Material+Icons"
        rel="stylesheet">
```

（3）main.ts 文件为 hammerjs 库获得了额外的导入。当我们需要处理各种触摸和手势操作时，这也是各种 Angular Material 组件的先决条件。

（4）styles.scss 文件已经更新，针对应用程序样式和指向 Roboto 的最新默认字体进行了一些较小的改进。

```
html, body { height: 100%; }
body { margin: 0; font-family: Roboto, "Helvetica Neue",
    sans-serif; }
```

（5）最后，src/app/app.module.ts 文件导入并使用了 BrowserAnimationsModule。

可以看到，通过运行一条 ng add 命令，我们管理并更新了多个文件。与手动设置选项相比，这种方式更加直接和方便，因而在不久的将来，还会出现越来越多的支持这种安装形式的库。

接下来讨论如何使用 Angular Material 包中的组件。

2．添加 Material Toolbar 组件

这里，最为简单的方式是使用 Toolbar 组件。关于 API 及其应用示例，读者可访问 https://material.angular.io/components/toolbar 查看详细信息。

下面学习如何集成 Material Toolbar 组件。

（1）打开并编辑 src/app/app.module.ts 文件，并在文件开始处的 import 部分导入 MatToolbarModule。

```
import { MatToolbarModule } from '@angular/material/toolbar';
```

（2）然而，从 Angular Material 库中导入一种类型仍然不够，还需要注册应用程序模块的导入行为。

```
@NgModule({
  declarations: [AppComponent],
  imports: [
    BrowserModule,
    AppRoutingModule,
    BrowserAnimationsModule,
    MatToolbarModule
  ],
  providers: [],
  bootstrap: [AppComponent]
```

```
})
export class AppModule {}
```

当前，可在 HTML 模板中使用<mat-toolbar>组件，下面考查其工作方式。

（1）打开 src/app/app.component.html 文件，并将下列代码置于文件开始处。

```
<mat-toolbar>
<span>My Application</span>
</mat-toolbar>
```

（2）在运行期内，Electron 应用程序如图 3.8 所示。

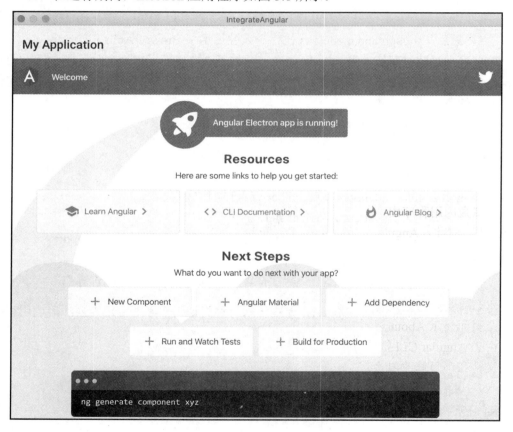

图 3.8

（3）此外，还可对 HTML 模板稍作整理，并保留 Toobar、Welcome 标签和 Router Outlet 组件。

```
<mat-toolbar color="primary">
<span>My Application</span>
</mat-toolbar>

<div style="text-align:center">
<h1>Welcome to {{ title }}!</h1>
</div>

<router-outlet></router-outlet>
```

（4）如果未使用实时重载，则重启应用程序。随后主页如图 3.9 所示。

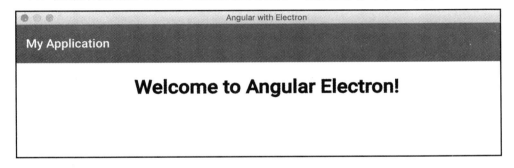

图 3.9

大多数应用程序由多个视图构成。另外，用户可能会包含不同的页面，如 Settings、About 等。对此，Angular 支持将 URL 地址部分路由或链接至特定的组件。

3.2.7　Anguar 路由机制

本节将实际考查两种路由。其中，第 1 个路由为当前主页，并显示 Welcome 屏幕；第 2 个页面显示 About 屏幕。另外，我们还需要一些链接或按钮以在两个页面间切换。

由于 Angular CLI 提供了 ng generate component 命令，因而我们将创建一个包含全部必要文件和项目修改内容的新组件。下面首先生成 About 页面。

（1）运行下列命令。

```
ng generate component about
```

此处应留意该命令的输出结果。最终，我们将得到一个包含组件的 Typescript 文件，即 spec.ts 文件。该文件包含单元测试占位符以及一个 HTML 模板，后者包含 SCSS 样式表。另外，Angular CLI 还将更新 app.module.ts 文件中的主应用程序模块，并包含应用程序结构中新生成的组件。

（2）输出结果如下。

```
CREATE src/app/about/about.component.scss (0 bytes)
CREATE src/app/about/about.component.html (24 bytes)
CREATE src/app/about/about.component.spec.ts (621 bytes)
CREATE src/app/about/about.component.ts (266 bytes)
UPDATE src/app/app.module.ts (651 bytes)
```

当新的 About 组件准备就绪后，即可注册一个应用程序路由，并将其显示于用户。

（3）更新 src/app/app-routing.module.ts 文件，并向 routes 数组添加新项，如下所示。

```
import { NgModule } from '@angular/core';
import { Routes, RouterModule } from '@angular/router';
import { AboutComponent } from './about/about.component';

const routes: Routes = [
  {
    path: 'about',
    component: AboutComponent
  }
];

@NgModule({
  imports: [RouterModule.forRoot(routes)],
  exports: [RouterModule]
})
export class AppRoutingModule {}
```

上述代码引入了新的 URL 内容，即/about，并在访问该链接时显示 About 组件。稍后将对此加以考查，下面首先添加一些按钮，以使用户可切换屏幕。

（4）更新 app.module.ts 文件，并导入 Angular Material 中的 MatButtonModule 和 MatIconModule 模块。同时，还需要在模块的 import 部分提供这两项内容。

```
import { MatButtonModule } from '@angular/material/button';
import { MatIconModule } from '@angular/material/icon';

@NgModule({
  declarations: [AppComponent, AboutComponent],
  imports: [
    BrowserModule,
    AppRoutingModule,
    BrowserAnimationsModule,
    MatToolbarModule,
```

```
    MatButtonModule,
    MatIconModule
  ],
  providers: [],
  bootstrap: [AppComponent]
})
export class AppModule {}
```

（5）Angular Material 提供了不同种类的按钮和按钮样式。出于简单考虑，此处采用
Material Icons 中包含 help_outline 图像的 Icon Button 组件。

（6）根据下列内容更新 HTML 代码。

```
<mat-toolbar color="primary">
<span>My Application</span>

<span class="spacer"></span>

<button mat-icon-button>
<mat-icon>help_outline</mat-icon>
</button>
</mat-toolbar>

<!--The content below is only a placeholder and can be
    replaced.-->
<div style="text-align:center">
<h1>Welcome to {{ title }}!</h1>
</div>

<router-outlet></router-outlet>
```

注意，我们在 spacer 类中使用了一个额外的 span 元素，以此占据工具栏中间处的空
间，并将按钮移至右侧，同时将应用程序标题留至左侧。这也是工具栏或菜单的典型
布局。

（7）为了确保 spacer 正常工作，还需要更新 app.component.scss 文件，并声明下列
样式。

```
.spacer {
flex: 1 1 auto;
}
```

（8）当运行当前应用程序时，可以看到一个右侧带有"?"按钮的工具栏，如图 3.10
所示。

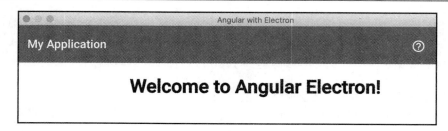

图 3.10

目前，工具栏中的按钮和标题并不执行任何操作。从传统意义上讲，应用程序的标题会将用户重定向至主页（Home 页）中。

Angular Router 组件可将按钮映射至特定的路由，并隐藏所有与导航相关的复杂性。用户可在组件中使用 routerLink 属性通知路由器，并以此表明该按钮期望执行导航操作。

下面学习如何使用属性配置应用程序中的路由。

（1）根据下列代码更新 HTML 模板。

```html
<mat-toolbar color="primary">
  <button mat-button routerLink="/">My Application</button>
  <span class="spacer"></span>

  <button mat-icon-button routerLink="/about">
    <mat-icon>help_outline</mat-icon>
  </button>
</mat-toolbar>

<div style="text-align:center">
  <h1>Welcome to {{ title }}!</h1>
</div>

<router-outlet></router-outlet>
```

（2）切换至运行的应用程序中，并尝试再次单击"?"按钮。注意，Welcome 标签下方的主内容区域变为 about works!（见图 3.11）。该字符串是自动生成的 About 组件中的一部分内容，这也证明了 About 路由可正常工作。

（3）单击 My Application 标签返回至主页。

（4）注意，<router-outlet>标签中还显示了额外的内容，如下所示。

```html
<router-outlet></router-outlet>
```

这里，Welcome to Angular Electron 标题置于路由器出口上方，以便在每个页面中均可看到这一标题。注意，静态内容应在每个页面上可见，如工具栏组件和某些根据用户动作变化的动态内容。

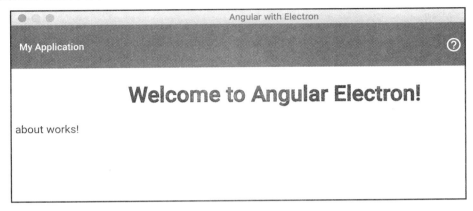

图 3.11

作为练习，可尝试将标题移至独立的 Home 组件中，以使 About 和 Home 内容占据全部空间。

（1）生成存储 Home 页面内容的新组件。

ng generate component home

与之前的组件类似，Angular CLI 生成输出结果，以便可以查看更改内容影响了哪些文件。另外，当使用源控制程序时，如 Git，用户还可回滚至修改处。

根据上述命令，对应的输出结果如下。

```
CREATE src/app/home/home.component.scss (0 bytes)
CREATE src/app/home/home.component.html (23 bytes)
CREATE src/app/home/home.component.spec.ts (614 bytes)
CREATE src/app/home/home.component.ts (262 bytes)
UPDATE src/app/app.module.ts (878 bytes)
```

（2）处理 app.routing-module.ts 文件，并将 Home 路由添加至 routes 集合中。

```
import { AboutComponent } from './about/about.component';
import { HomeComponent } from './home/home.component';

const routes: Routes = [
  {
    path: '',
    component: HomeComponent
```

```
  },
  {
    path: 'about',
    component: AboutComponent
  }
];
```

注意，此时我们使用了 path 空值，这意味着，HomeComponent 将显示于默认的应用程序路径上，如 http://localhost:4200。

（3）将 Welcome 标签移至 home.component.ts 文件的新位置处，并根据下列代码更新 src/app/home/home.component.html 模板。

```
<div style="text-align:center">
  <h1>Welcome to {{ title }}!</h1>
</div>

<p>
  home works!
</p>
```

（4）组件模板依赖于 title 属性，因此不要忘记将该属性从 app.component.ts 文件移至 home.component.ts 文件中。

```
import { Component, OnInit } from '@angular/core';

@Component({
  selector: 'app-home',
  templateUrl: './home.component.html',
  styleUrls: ['./home.component.scss']
})
export class HomeComponent implements OnInit {
  title = 'Angular Electron';

  constructor() {}

  ngOnInit() {}
}
```

（5）清空主要的应用程序组件，仅保留工具栏和路由器出口，即活动路由器内容的占位符。

```
<mat-toolbar color="primary">
  <button mat-button routerLink="/">My Application</button>
```

```
  <span class="spacer"></span>

  <button mat-icon-button routerLink="/about">
    <mat-icon>help_outline</mat-icon>
  </button>
</mat-toolbar>

<router-outlet></router-outlet>
```

（6）在运行期内，应可看到如图 3.12 所示的 Welcome 标题和 home works!字符串。

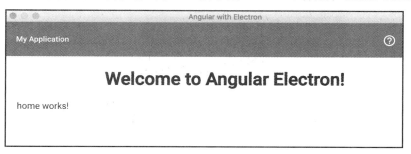

图 3.12

此时，屏幕上的全部文本均来自针对默认路由加载的 Home 组件。再次单击 "?" 按钮以确保可以看到占据内容区域的 About 屏幕，如图 3.13 所示。

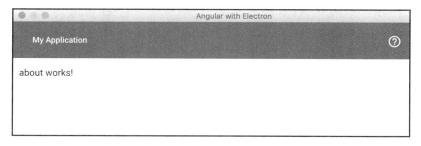

图 3.13

现在，我们可尝试构建多页面的应用程序，并通过 Angular 路由系统导航用户，进而显示不同的区域。

这里构建的应用程序可共享与 Web 客户端相同的代码库。

至此，我们讨论了如何利用 Angular 框架、谷歌的组件生态系统和库构建 Electron 应用程序，接下来将介绍 React 项目的设置过程，以及 Facebook 生态系统的应用方式。

3.3　利用 React 构建 Electron 应用程序

React 是较为流行的构建 Web 应用程序所用的视图库，由 Facebook 进行维护，其社区也处于较为活跃的状态。另外，互联网上存在大量的组件库、教程、博客和其他资源信息。

当采用 React 库构建 Electron 应用程序时，存在许多可复用的代码资源，这对于应用程序开发十分有用并可节省大量的时间。

下面讨论 React 库和 Electron 应用程序间的集成方法。

3.3.1　创建 React 项目

React 项目的创建过程需要执行下列步骤。

（1）与 Angular CLI 相同，React 包含自己的应用程序生成器，即 Create React App。通过运行下列命令，可创建一个新项目。

```
npx create-react-app integrate-react
```

（2）对应的输出结果如下。

```
Success! Created integrate-react at <path>/integrate-react
Inside that directory, you can run several commands:

  yarn start
  Starts the development server.

  yarn build
  Bundles the app into static files for production.

  yarn test
  Starts the test runner.

  yarn eject
  Removes this tool and copies build dependencies,
  configuration files
  and scripts into the app directory. If you do this, you can't
  go back!
```

```
We suggest that you begin by typing:

  cd integrate-react
  yarn start
```

注意，create-react-app 使用了 Yarn 包管理器。必要时，仍然可以在 npm run 中使用相同的命令，如 npm run build 而非 yarn build，等等。另外，我们也可安装 Yarn 并使用其中的命令。关于 Yarn，读者可访问 https://yarnpkg.com 以了解更多内容。

（3）利用 start 运行应用程序，并查看该程序是否可正常工作。

```
cd integrate-react/
npm start
```

（4）在浏览器中访问 http://localhost:3000。图 3.14 显示了包含动画 React Logo 的页面。

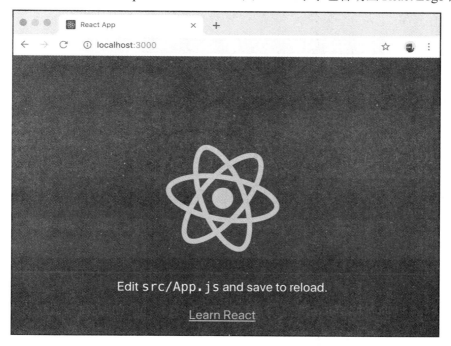

图 3.14

（5）按下 Ctrl+C 组合键终止服务器。这里，建议在生成项目后检查 package.json 脚本，该脚本针对项目所支持的动作提供了清晰的理解内容。

当使用 Create React App 应用程序生成时，package.json 文件的 scripts 部分如下。

```
{
  "scripts": {
    "start": "react-scripts start",
    "build": "react-scripts build",
    "test": "react-scripts test",
    "eject": "react-scripts eject"
  },
}
```

（6）安装 electron 库并作为开发依赖项。随后执行下列命令。

```
npm i -D electron
```

（7）接下来需要对 package.json 文件进行调整。首先添加 main 项，以便指向 main.js 文件。

```
{
  "main": "main.js"
}
```

（8）相对于 index.html 文件设置应用程序的基本路径。在 Angular 项目中，可修改 index.html 文件实现这一点。然而，React 支持 package.json 文件中的 homepage 字段。

注意：

关于 React 和相对路径，读者可访问 https://facebook.github.io/create-react-app/docs/deployment#buildingfor-relative-paths 以了解更多内容。

（9）这将确保所有的资源数据路径与 index.html 相关联。随后可将应用程序从 http://mywebsite.com 移至 http://mywebsite.com/relativepath，甚至是 http://mywebsite.com/relative/path 中，且无须对其重新构建。

（10）根据下列代码修改 package.json 文件。

```
{
  "homepage": ".",
  "scripts": {
    "serve": "react-scripts start",
    "start": "electron .",
    "build": "react-scripts build",
    "test": "react-scripts test",
    "eject": "react-scripts eject"
  },
}
```

可以看到，此处添加了一个 homepage 属性。将 start 脚本重命名为 serve，并引入了一个新的 start 脚本以启动 Electron Shell。

（11）对于每种框架来说，main.js 文件最小化实现内容可视为一项标准操作。

```
const { app, BrowserWindow } = require('electron');

let win;

function createWindow() {
  win = new BrowserWindow({ width: 800, height: 600 });

  win.loadFile('index.html');

  win.on('closed', () => {
    win = null;
  });
}

app.on('ready', createWindow);

app.on('window-all-closed', () => {
  if (process.platform !== 'darwin') {
    app.quit();
  }
});

app.on('activate', () => {
  if (win === null) {
    createWindow();
  }
});
```

（12）当构建 React 应用程序时，生产输出结果将位于 build 文件夹中，因而需要从中加载 index.html 文件。

```
function createWindow() {
  win = new BrowserWindow({ width: 800, height: 600 });

  // win.loadFile('index.html');
  win.loadURL('file://${__dirname}/build/index.html');

  win.on('closed', () => {
```

```
    win = null;
  });
}
```

（13）验证应用程序是否正确构建并运行良好。在 Terminal 窗口中，逐一输入下列命令：

```
npm run build
npm start
```

（14）在 Electron Shell 中，可以看到应用程序在桌面上的默认运行状态，如图 3.15 所示。

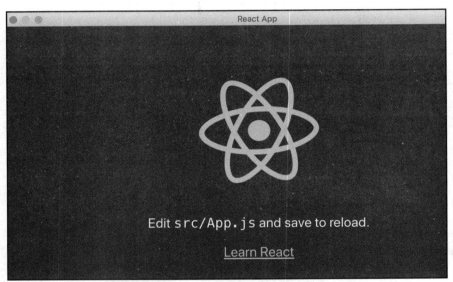

图 3.15

至此，我们成功地创建了最初的基于 React 的 Electron 应用程序。随后，可生成一个备份，作为相同任务的模板供后续应用程序使用。

接下来需要将 Electron Shell 与本地运行的 Web 服务器连接，以便在开发时测试应用程序。这一过程称作实时重载，稍后将对此进行配置。

3.3.2　实时重载

当启动实时重载特性时，浏览器或 Electron 窗口可在保存变化内容时自动刷新，而不是每次确认代码变化时终止并重启应用程序。

当利用 npm run serve 脚本（或默认时的 npm start）启动应用程序时，将会看到下列输出结果。

```
You can now view integrate-react in the browser.

  Local: http://localhost:3000/
  On Your Network: http://192.168.0.10:3000/
```

注意，在当前示例中，需要使用端口 3000。随后更新 createWindow 函数，如下所示。

（1）打开 createWindow 文件并根据下列代码更新 createWindow 函数。

```
function createWindow() {
  win = new BrowserWindow({ width: 800, height: 600 });

  // win.loadURL('file://${__dirname}/build/index.html');
  win.loadURL('http://localhost:3000');

  win.on('closed', () => {
    win = null;
  });
}
```

在验证应用程序时，需要打开两个 Terminal 窗口。

（2）在第 1 个 Terminal 窗口中，运行 serve 命令，如下所示。

```
npm run serve
```

（3）Web 服务器启动时会占用几秒的时间，随后在第 2 个 Terminal 窗口中运行下列命令。

```
npm start
```

此时，Electron 窗口将显示 React 主页。

（4）打开并编辑 src/App.js 文件，进而查看实时重载特性，如插入 React Electron 标签。

```
import React, { Component } from 'react';
import logo from './logo.svg';
import './App.css';

class App extends Component {
  render() {
```

```
    return (
      <div className="App">
        <header className="App-header">
          <img src={logo} className="App-logo" alt="logo" />
          <h1>React Electron</h1>
          <p>
            Edit <code>src/App.js</code> and save to reload.
          </p>
          <a
            className="App-link"
            href="https://reactjs.org"
            target="_blank"
            rel="noopener noreferrer"
          >
            Learn React
          </a>
        </header>
      </div>
    );
  }
}

export default App;
```

注意：典型的 React 应用程序需要一个单独的元素标签，这样就可以包装其他组件，类似于下面的结构。

```
class App extends Component {
  render() {
    return (
      <div>...</div>
    );
  }
}
```

本章全部示例均假设 App 组件中包含一个根元素。

（5）切换至 Electron 窗口，如图 3.16 所示，查看包含新文本的即时更新方式。

针对 Electron 应用程序，我们已经成功地配置了实时重载机制，这有助于快速开发和测试项目，因为能够以即时方式查看变化内容。

当开发结束并需要发布应用程序时，实时重载不再必需。相反，我们需要一个产品发布版本，其中包含应用程序的全部静态资源数据。

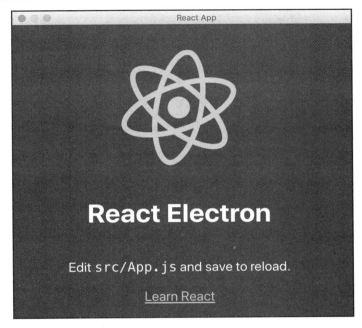

图 3.16

3.3.3　设置产品发布版本

不同于 Angular CLI，当采用 Create React App 工具时，我们不需要额外的脚本执行产品发布版本。对此，package.json 文件中已包含了 build 命令，如下所示。

```
{
  "scripts": {
    "serve": "react-scripts start",
    "start": "electron .",
    "build": "react-scripts build",
    "test": "react-scripts test",
    "eject": "react-scripts eject"
  },
}
```

当需要执行产品发布版本时，可在 Terminal 中间使用下列命令。

```
npm run build
```

在当前示例中，对应的输出结果如下。

```
Creating an optimized production build...
Compiled successfully.

File sizes after gzip:

  36.83 KB build/static/js/2.6efc73d3.chunk.js
  763 B build/static/js/runtime~main.d653cc00.js
  725 B (+15 B) build/static/js/main.dff8d9a2.chunk.js
  540 B build/static/css/main.0e186509.chunk.css

The project was built assuming it is hosted at ./.
You can control this with the homepage field in your package.json.
```

可以看到，所有的产品资源数据均位于 build 文件夹中，如图 3.17 所示。当前，无须 Node.js 或其他工具即可发布或托管最终的 Web 应用程序。

图 3.17

许多开发人员偏向于将 Web 应用程序托管于本地服务器上,进而减少最终结果的测试时间,并且在此基础上,在为最终测试和发布阶段打包 Electron 应用程序之前仅拥有构建文件夹。

接下来学习如何针对开发目的配置本地 Web 服务器应用。

3.3.4　设置条件加载

前文介绍了条件加载的设置过程。本节将专注于以 Create React App 的方式运行 Web 服务器。随后,当在本地机器上开发、调试和测试时,将渲染以本地方式运行的应用程序。对于生产模式,应用程序将使用生产输出结果。

下面将配置包脚本,以避免在开发和测试阶段使用过多的参数。

(1)根据下列代码更新 package.json 文件中的 scripts 部分。

```
{
  "scripts": {
    "serve": "react-scripts start",
    "start": "DEBUG=true electron .",
    "build": "react-scripts build",
    "test": "react-scripts test",
    "eject": "react-scripts eject"
  },
}
```

对于 Windows 用户,start 脚本如下。

```
{
  "start": "SET DEBUG=true && electron ."
}
```

(2)调用格式十分简单:取决于对应值,可在端口 3000 上使用一个 Web 服务器;或者加载预编译的 index.html 文件。

```
if (process.env.DEBUG) {
  // load from running server on port 3000
} else {
  // load production build from the "build" folder
}
```

(3)更新 main.js 文件,并对 createWindow 函数进行如下调整。

```
function createWindow() {
  win = new BrowserWindow({ width: 800, height: 600 });
```

```
if (process.env.DEBUG) {
  win.loadURL('http://localhost:3000');
} else {
  win.loadURL('file://${__dirname}/build/index.html');
}

win.on('closed', () => {
  win = null;
});
}
```

注意，从传统意义上讲，Angular CLI 运行于端口 4200 上；而 Create React App 工具则首选端口 3000。

（4）下面对工作方式进行测试，对此，在不同的 Terminal 窗口中运行下列两条命令。

```
npm run serve
npm start
```

由于通过 DEBUG 参数运行应用程序，Electron Shell 将在实时加载的支持下显示 http://localhost:3000 中的内容。

接下来考查用户界面并集成 Blueprint 组件库。

3.3.5　使用 Blueprint UI 工具箱

对于 Angular，推荐对任何 UI 工具箱均使用 Angular Material 组件库；对于 React.js，则强烈建议使用 Blueprint（https://blueprintjs.com/）。

Blueprint 是一个开源项目并由 Palantir 推出。这是一个基于 React 的 Web UI 工具箱，并对桌面应用程序的复杂的数据密集型接口构造进行了优化。

针对当前项目，可运行下列命令安装库。

```
npm i @blueprintjs/core
```

Blueprint 库安装完毕，接下来将在应用程序中使用该库。

1．添加应用程序菜单

Blueprint 组件的应用较为简单，下面尝试添加一个应用程序菜单或应用程序工具栏。

（1）向 index.css 文件中添加下列代码。

```
@import '~normalize.css';
@import '~@blueprintjs/core/lib/css/blueprint.css';
@import '~@blueprintjs/icons/lib/css/blueprint-icons.css';
```

（2）打开 src/App.js 文件，并从@blueprintjs/core 包中导入下列类型。

```
import { Navbar, Button, Alignment } from '@blueprintjs/core';
```

（3）可在 JSX 模板中使用 Navbar 和 Button 组件以及 Alignment 枚举。根据下列内容更新代码。

```
<Navbar>
  <Navbar.Group align={Alignment.LEFT}>
    <Navbar.Heading>Blueprint</Navbar.Heading>
    <Navbar.Divider />
    <Button className="bp3-minimal" icon="home" text="Home" />
    <Button className="bp3-minimal" icon="document" text="Files" />
  </Navbar.Group>
</Navbar>
```

（4）在运行期，可以看到包含 Blueprint 标签和两个按钮（Home 和 Files）的工具栏，如图 3.18 所示。

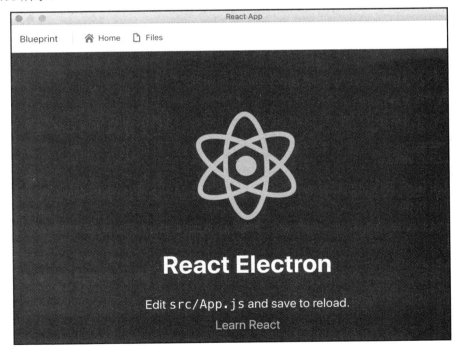

图 3.18

如果读者喜欢深色主题，Blueprint 对此也提供了支持。考虑到默认的 React 主题是深色的，下面将更新 Navbar 以匹配该主题。

（1）向 Navbar 添加 bp3-dark 类，如下所示。

```
<Navbar className="bp3-dark">
  <Navbar.Group align={Alignment.LEFT}>
    <Navbar.Heading>Blueprint</Navbar.Heading>
    <Navbar.Divider />
    <Button className="bp3-minimal" icon="home" text="Home" />
    <Button className="bp3-minimal" icon="document" text="Files" />
  </Navbar.Group>
</Navbar>
```

（2）检查应用程序。注意，应用程序菜单栏采用了黑色主题，如图 3.19 所示。

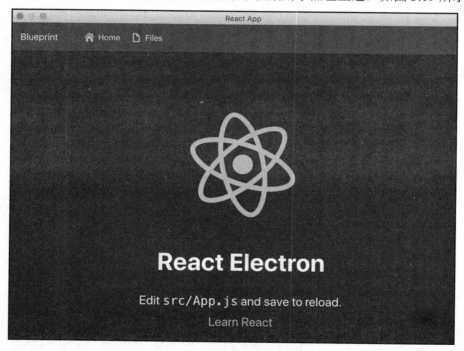

图 3.19

现在，让我们看看如何为 React 应用程序和 Electron shell 启用路由特性。

2．添加路由机制

此处，我们将使用的工具是 React Router，该工具由 React Training（https://reacttraining.com/react-router/web）负责维护。

路由的集成操作较为直接。下面学习如何针对 Electron 项目实现这一项任务。

（1）终止应用程序并利用下列命令安装库。

```
npm install react-router-dom
```

（2）目前，我们持有两个路由（Index 和 Files）支持的一些较为简单的 Screen 或 View。利用下列函数型组件更新 App.js 文件。

```
import { BrowserRouter as Router, Route, Link } from 'react-router-dom';

function Index() {
  return <h2>Home</h2>;
}

function Files() {
  return <h2>Files</h2>;
}
```

（3）我们已从 react-router-dom 包中导入了一些类型，其中之一是可导航至特定路由的 Link 组件。例如，我们可利用下列语法创建指向/files/ URL 部分的 Hyperlink 元素。

```
<Link to="/files/">Files</Link>
```

（4）根据下列内容更新 Nvbar 代码。

```
<Navbar className="bp3-dark">
  <Navbar.Group align={Alignment.LEFT}>
    <Navbar.Heading>Blueprint</Navbar.Heading>
    <Navbar.Divider />
    <Button className="bp3-minimal" icon="home">
      <Link to="/">Home</Link>
    </Button>
    <Button className="bp3-minimal" icon="document">
      <Link to="/files/">Files</Link>
    </Button>
  </Navbar.Group>
</Navbar>
```

（5）调整其主要组件，如下所示。

```
<header className="App-header">
  <img src={logo} className="App-logo" alt="logo" />

  <Route path="/" exact component={Index} />
  <Route path="/files/" component={Files} />
</header>
```

（6）运行应用程序并测试单击应用程序组件中的 Home 和 Files 链接。相应地，页面内容反映了所单击的路由，如图 3.20 所示。

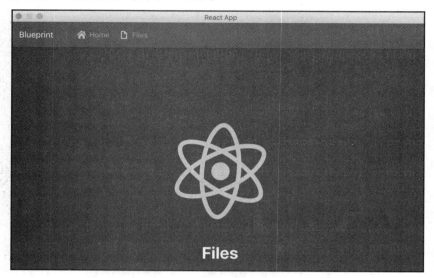

图 3.20

此时，我们得到了一个基于 React 的较好的 Electron 应用程序，并支持路由机制和 UI 库。读者可尝试生成一个项目备份，以供后续类似的应用程序使用。

读者可能已经注意到，工具栏按钮看起来并不是很好，因为我们已将这些按钮与 Link 组件连接起来。注意，这里并不需要使用按钮，由于 Blueprint 支持样式化其他元素，如超链接，因而可使它们看起来更像按钮。

当使用不包含按钮封装器的 Link 组件时，需要更新应用程序组件的代码，如下所示。

```
<Link
  className="bp3-button bp3-minimal bp3-icon-home"
  to="/">
  Home
</Link>

<Link
  className="bp3-button bp3-minimal bp3-icon-document"
  to="/files/">
  Files
</Link>
```

当前，应用程序工具栏如图 3.21 所示。

图 3.21

此时，我们拥有了一个 React 应用程序初始项目，并与 Electron Shell 连接。此外，我们还集成了一个外部 UI 工具箱，进而可节省组件的创建时间，并将注意力集中于业务逻辑上。

稍后将使用另一种较为流行的框架 Vue.js 构建类似的应用程序，并针对用户界面考查项目配置和库方面的不同之处，进而确定使用哪一个应用程序栈。

3.4 利用 Vue.js 构建 Electron 应用程序

前述内容讨论了如何利用 Angular 和 React 框架使用 Electron 应用程序。本节将考查另一种流行的框架 Vue.js。当通过 Web 技术构建桌面应用程序时，该框架可大幅提升生产力。

类似于 Angular CLI 和 Create React App，Vue.js 也包含自身的 CLI 工具，通过下列步骤，我们可安装 CLI 工具并生成名为 integrate-vue 的新应用程序。

（1）运行下列两条命令：

```
npm install -g @vue/cli
vue create integrate-vue
```

ⓘ **注意：**

对于 Windows 用户，读者可参考 Vue 文档查看如何设置命令，对应的网址为 https://cli.vuejs.org/guide/creating-aproject.html#vue-create。

（2）该工具将询问用户一些问题，以便确定最终的项目配置。对于 Preset，可选择 default 选项。稍后可使用 Manually select features，如下所示。

```
? Please pick a preset: (Use arrow keys)
> default (babel, eslint)
  Manually select features
```

（3）社区当前使用两种不同的包管理器，即 NPM 和 Yarn，Vue.js 将询问使用哪一个包管理器。稍后将使用包管理器安装依赖项。

```
? Pick the package manager to use when installing dependencies:
(Use arrow keys)
  Use Yarn
> Use NPM
```

（4）这里将使用 NPM，因此可选择对应项 big 按下 Enter 键。

（5）取决于工具的版本，可在项目的创建过程中看到大量的输出结果。此处应确保看到成功编译这一类输出结果，如下所示。

```
Successfully created project integrate-vue.
Get started with the following commands:

$ cd integrate-vue
$ npm run serve
```

（6）打开 Visual Studio Code 中的 integrate-vue 文件夹。

（7）查看 package.json 文件中的脚本。

```
{
  "name": "integrate-vue",
  "version": "0.1.0",
 "private": true,
 "scripts": {
 "serve": "vue-cli-service serve",
 "build": "vue-cli-service build",
 "lint": "vue-cli-service lint"
  },
}
```

这里包含 3 种不同的主脚本，以便采用本地方式服务 Web 应用程序、针对发布构造脚本，并执行代码质量检查和检测。

（8）启动应用程序并验证项目是否以期望方式编译和运行。

```
npm run serve
```

（9）输出结果如下，此处应注意应用程序的 URL 地址和端口号。

```
App running at:
- Local:   http://localhost:8080/
- Network: http://192.168.0.10:8080/

Note that the development build is not optimized.
To create a production build, run npm run build.
```

（10）在浏览器中访问 http://localhost:8080，并针对通过 Vue CLI 生成的全部项目检查其标准的主页，如图 3.22 所示。

图 3.22

接下来安装 Electron 依赖项。

（1）使用下列命令获取 NPM 注册表上可用的最新版本。

```
npm i -D electron
```

（2）配置 package.json 文件中的 main 项，以便指向 main.js 文件。这也是 Electron 查找主入口点，并在启动时的执行方式。

```json
{
  "name": "integrate-vue",
"version": "0.1.0",
"private": true,
"main": "main.js",
"scripts": {
"serve": "vue-cli-service serve",
"build": "vue-cli-service build",
"lint": "vue-cli-service lint"
  },
}
```

（3）如前所述，需要在项目的根文件夹中设置一个最小化的 main.js 实现。

```js
const { app, BrowserWindow } = require('electron');

let win;

function createWindow() {
  win = new BrowserWindow({ width: 800, height: 600 });

  win.loadFile('index.html');

 win.on('closed', () => {
 win = null;
 });
}

app.on('ready', createWindow);

app.on('window-all-closed', () => {
 if (process.platform !== 'darwin') {
 app.quit();
 }
});
```

```
app.on('activate', () => {
 if (win === null) {
 createWindow();
 }
});
```

（4）Vue CLI 生成一个 start 脚本，并针对测试和开发过程运行本地 Web 服务器。
考虑到主要关注 Electron 和桌面开发，因而建议将现有的 start 脚本重命名为 serve，并使
用新的 start 实现启动 Electron Shell。

```
{
  "scripts": {
    "serve": "vue-cli-service serve",
    "start": "electron .",
    "build": "vue-cli-service build",
    "lint": "vue-cli-service lint"
  },
}
```

（5）当运行 npm run build 命令时，Vue CLI 将通过 dist 文件夹中的输出工件执行一
个产品发布版本。这意味着，当以本地方式启动时，Electron Shell 需要在运行期内加载
dist/index.html 文件。

```
function createWindow() {
 win = new BrowserWindow({ width: 800, height: 600 });

 // win.loadFile('index.html');
 win.loadURL('file://${__dirname}/dist/index.html');

 win.on('closed', () => {
   win = null;
 });
}
```

下面将快速查看如何创建 Vue 的配置文件，以及如何修改应用程序的基本路径。

3.4.1　创建一个 Vue 配置文件

创建一个 Vue 配置文件 vue.config.js 需要执行下列步骤。

ⓘ **注意：**

根据官方文档（https://cli.vuejs.org/config/#vue-config-js），vue.config.js 是一个可选的配置文件，如果该文件位于项目的根目录中（其中还包含 package.json 文件），则会被 @vue/cli-service 自动加载。此外，还可使用 package.json 中的 vue 字段，但会被限定为 JSON 兼容值。

（1）通过基本配置存根程序予以启动，如下所示。

```
// vue.config.js
module.exports = {
  // options...
}
```

ⓘ **注意：**

关于官方文档中所支持的参数，读者可访问 https://cli.vuejs.org/config/#global-cli-config 以了解更多内容。

（2）当前查找的字段为 publicPath。此处需要切换值以使相对路径在 Electron Shell 中正确工作。

```
// vue.config.js
module.exports = {
  publicPath: './'
};
```

（3）利用下列命令运行产品发布版本。

```
npm run build
```

（4）对应的输出结果如图 3.23 所示。

```
⁝  Building for production...

DONE  Compiled successfully in 6389ms

File                               Size          Gzipped

dist/js/chunk-vendors.ecd76ec1.js  82.81 KiB     29.94 KiB
dist/js/app.60bf8267.js            4.60 KiB      1.65 KiB
dist/css/app.e2713bb0.css          0.33 KiB      0.23 KiB

Images and other types of assets omitted.

DONE  Build complete. The dist directory is ready to be deployed.
INFO  Check out deployment instructions at https://cli.vuejs.org/guide/deployment.html
```

图 3.23

（5）运行 start 命令，验证应用程序是否以期望形式加载。

```
npm start
```

（6）几秒钟后，可以看到 Electron 应用程序包含了 Vue CLI 生成的传统的 UI 示例，如图 3.24 所示。

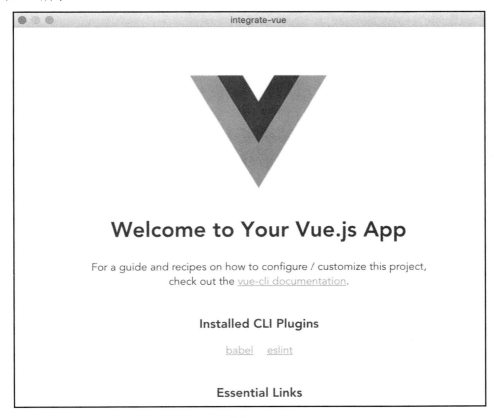

图 3.24

下面将通过启用实时重载特性简化开发过程。

3.4.2　实时重载

如前所述，每种流行框架的 CLI 工具都提供了一些功能，进而针对测试和开发目的以本地方式服务 Web 应用程序。对于 Vue 来说，执行 npm run serve 脚本通常会得到下列输出结果。

```
App running at:
- Local:   http://localhost:8081
- Network: http://192.168.0.10:8081
```

用于不同框架间的传统端口如下。

- ❑   Angular：4200。
- ❑   React：3000。
- ❑   Vue：8080。

出于展示目的，笔者机器上的 8080 端口正忙于执行另一个应用程序，因此开发服务器使用了下一个空闲的端口，在当前示例中为端口 8081。对此，相关工具可增加端口号，直至查找到空闲的端口，因而在运行应用程序时需要关注控制台的输出结果。当前使用默认端口 8080。

```
vue-cli-service servefunction createWindow() {
  win = new BrowserWindow({ width: 800, height: 600 });

  // win.loadURL('file://${__dirname}/dist/index.html');
  win.loadURL('http://localhost:8080');

  win.on('closed', () => {
    win = null;
  });
}
```

接下来需要使用两个 Terminal 窗口。其中，第 1 个窗口启动本地开发服务器，如下所示。

```
npm run serve
```

当服务器处于运行状态时，利用下列命令启动 Electron 应用程序。

```
npm start
```

此处会得到与 Vue UI 相同的窗口。这一次，Web 服务器将查看底层变化内容，并指示 Web 客户端重载。这种情况同样适用于 Electron 窗口。当实际查看实时重载特性时，可切换至 src/App.js 文件并更新标签。

```
<template>
  <div id="app">
    <img alt="Vue logo" src="./assets/logo.png">
    <HelloWorld msg="Welcome to Your Vue.js and Electron App"/>
  </div>
</template>
```

一旦保存了文件，应用程序将在屏幕上反映这些变化，如图 3.25 所示。

图 3.25

当前，我们持有一个 Vue.js 支持的 Electron 应用程序的基本项目模板。接下来将针对产品编译准备应用程序。

3.4.3　产品发布版本

许多 CLI 工具都包含了生产（产品）版本和开发版本这两种概念。Vue CLI 提供了一个脚本，该脚本可生成用于发布的高度优化和最小化的工件。对此，可运行 build 命令，如下所示。

```
npm run build
```

dist 文件夹包含了最终所需的一切内容，如图 3.26 所示，进而发布或服务于 Web 应用程序。

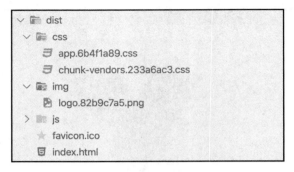

图 3.26

注意:

不需要 Vue.js 或 Node.js 在 Web 服务器上运行应用程序。

接下来学习如何设置条件加载，以使应用程序在开发时使用 Web 服务器，但会在发布时引用生产（产品）输出结果。

3.4.4　设置条件加载

我们将使用 DEBUG 环境变量作为一个指示器，表明应用程序需要连接至一个本地开发服务器。下面讨论如何在应用程序脚本中对此予以启用。

（1）更新 package.json 文件，并将下列变量设置为默认选项。

```
{
  "scripts": {
"serve": "vue-cli-service serve",
"start": "DEBUG=true electron .",
"build": "vue-cli-service build",
"lint": "vue-cli-service lint"
  },
}
```

对于 Windows 用户，start 脚本如下。

```
{
  "start": "SET DEBUG=true && electron ."
}
```

（2）一旦定义了环境变量，main.js 文件中的检查格式将如下所示。

```
if (process.env.DEBUG) {
  // load from running server on port 3000
} else {
  // load production build from the "dist" folder
}
```

（3）更新 main.js 文件，并修改 createWindow 函数。

```
function createWindow() {
  win = new BrowserWindow({ width: 800, height: 600 });

  if (process.env.DEBUG) {
    win.loadURL('http://localhost:8080');
  } else {
    win.loadURL('file://${__dirname}/build/index.html');
  }

  win.on('closed', () => {
    win = null;
  });
}
```

注意，取决于机器上运行的应用程序或开发服务器，对应的端口可能会发生变化。当运行 npm run serve 命令时，可根据接收的输出结果更新代码。

当前，在处理应用程序代码时，可以在开发服务器上运行实时重载，并在准备发布应用程序时使用静态生产构建的资源数据。

3.4.5　添加路由机制

路由特性是 Web 应用程序中重要的组成部分。路由允许我们在不同的屏幕间切换，并针对某些特性持有专有的 URL 地址。

Vue CLI 可利用 vue add 命令添加额外的插件，下面将以此安装 router 库。

（1）在项目的根目录中运行下列命令。

vue add router

（2）当询问 history mode 时，可输入 Y。

? Use history mode for router? (Requires proper server setup for index fallback in production) (Y/n)
A: Y

（3）当前，我们应持有多个修正后的字段，如下所示。

```
✓ Successfully invoked generator for plugin: core:router
The following files have been updated / added:

src/router.js
src/views/About.vue
src/views/Home.vue
package-lock.json
package.json
src/App.vue
src/main.js
```

（4）启动应用程序，注意屏幕下方包含了两个新链接，即 Home 和 About，如图 3.27 所示。

图 3.27

（5）单击 About 链接并查看结果。Electron 应用程序应切换至 About 组件，如图 3.28 所示。

至此，我们已能够构建多个应用程序视图。接下来将学习如何使用 UI 工具箱以节省开发时间。

图 3.28

3.4.6　配置 Vue Material

Vue.js 内置了多个库。本节将使用 Vue Material 工具箱，读者可访问 https://vuematerial.io 以了解更多信息。

（1）运行下列 npm 命令并在项目中安装 vue-material 库。

```
npm install vue-material
```

（2）作为 Vue Material 集成的一部分内容，可能需要设置 Roboto 字体。利用下列代码更新 public/index.html 文件。

```
<link
      rel="stylesheet"
href="//fonts.googleapis.com/css?family=Roboto:400,500,700,400italic|
Material+Icons"
    />
```

（3）启动全部 Vue Material 组件的最简单的方式是导入 src/main.js 文件中的全部作用域。稍后，可优化导入并声明所使用的组件。

```
import Vue from 'vue';
import App from './App.vue';
import router from './router';

Vue.config.productionTip = false;
```

```
import VueMaterial from 'vue-material';
import 'vue-material/dist/vue-material.min.css';
import 'vue-material/dist/theme/default.css';

Vue.use(VueMaterial);

new Vue({
  router,
  render: h => h(App)
}).$mount('#app');
```

（4）此时已生成了所需的路由配置（作为路由插件安装的一部分内容）。当实现路由组件与 Vue Material 间的集成时，可根据下列代码更新 src/router.js 文件。

```
Vue.use(Router);

Vue.component('router-link', Vue.options.components.RouterLink);
Vue.component('router-view', Vue.options.components.RouterView);
```

当前，Electron 应用程序支持路由机制，接下来将在此基础上集成应用程序工具栏。

作为一个简单的练习，下面将创建一个应用程序工具栏，并将用户重定向至不同的路由。

（1）在 src/App.vue 文件中，声明 md-app-toolbar 组件，如下所示。

```
<md-app>
  <md-app-toolbar class="md-primary">
    <span class="md-title">My Title</span>
  </md-app-toolbar>
</md-app>
```

（2）从#app 样式中删除边距，当前文件如下所示。

```
<template>
  <div id="app">
    <md-app>
      <md-app-toolbar class="md-primary">
        <span class="md-title">My Title</span>
      </md-app-toolbar>
    </md-app>
  <div id="nav">
  <router-link to="/">Home</router-link>|
  <router-link to="/about">About</router-link>
  </div>
  <router-view/>
```

```
   </div>
</template>

<style>
#app {
 font-family: "Avenir", Helvetica, Arial, sans-serif;
 -webkit-font-smoothing: antialiased;
 -moz-osx-font-smoothing: grayscale;
 text-align: center;
 color: #2c3e50;
}
</style>
```

（3）运行应用程序，主屏幕应包含一个蓝色的应用程序工具栏，如图 3.29 所示。

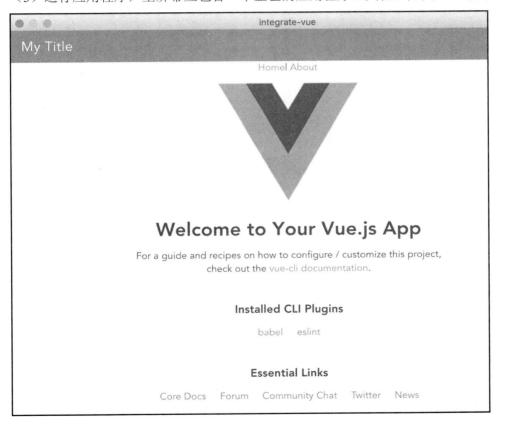

图 3.29

（4）插入两个按钮，并在执行单击操作时将其重定向至 Home 和 About 路由处。

```
<template>
  <div id="app">
    <md-app>
      <md-app-toolbar class="md-primary">
        <h3 class="md-title" style="flex: 1; text-align:
            left;">Title</h3>
        <md-button to="/">Home</md-button>
        <md-button to="/about" class="md-primary">About</md-button>
      </md-app-toolbar>
    </md-app>
    <router-view/>
  </div>
</template>
```

此外还包含一个 spacer 元素，并可将按钮移至屏幕右侧，同时将 Title 元素留至左侧。该模式常在开发人员构建应用程序工具栏时使用。

（5）切换回 Electron 应用程序并检查按钮。此时，根据所添加的规则，屏幕应已被切换，如图 3.30 所示。

图 3.30

至此，我们已经构建了复杂的应用程序，并涵盖多个屏幕和路由。

3.5　本章小结

本章根据流行的 Web 框架（Angular、React 和 Vue.js）成功地配置了 3 个 Electron 项目，并可高效地与实时加载协同工作，进而提供快速的变化反馈。

此外，本章还讨论了如何集成不同的 UI 工具箱，进而在开发过程中节省大量的时间，并将注意力集中于业务逻辑上。

当构建应用程序时，路由机制同样十分重要，该特性可快速切换 Electron 应用程序中的视图，进而遵循关注点分离设计原则。

第 4 章将构建一个屏幕截图工具，从而考查各种 Electron 开发任务。

第 4 章 构建屏幕截图剪裁工具

本章将使用最新的 Electron 框架、React.js 和基于 React 的 Blueprint UI 工具箱构建一个小型的屏幕截图工具。

作为本章实际操作的一部分内容，读者将利用 Electron API 生成屏幕截图，并管理应用程序的窗口状态和可见性。这有助于读者理解如何控制 Electron 中的应用程序窗口。除此之外，我们还将与 desktopCapture 特性协同工作，并从代码中生成缩略图。最后，我们将学习如何整合系统托盘，并通过全局键盘快捷方式调用其各项功能。

本章主要涉及以下主题。

❏ 准备项目。
❏ 配置无框窗口。
❏ 透明窗口。
❏ 使应用程序窗口实现拖曳功能。
❏ 添加剪裁工具栏按钮。
❏ 使用 desktopCapturer API。
❏ 计算显示尺寸。
❏ 生成并保存缩略图。
❏ 调整和剪裁图像。
❏ 测试应用程序的行为。
❏ 集成系统托盘。
❏ 启动时隐藏主应用程序窗口。
❏ 注册全局键盘快捷方式。

4.1 技 术 需 求

读者需要配置一台运行 macOS、Windows 或 Linux 的笔记本电脑或桌面电脑。
本章至少需要安装下列软件。

❏ Git 版本控制系统。
❏ 包含 NPM 的 Node.js。

❑　　免费、开源的代码编辑器 Visual Studio Code。

读者可访问 GitHub 查看本章代码文件，对应网址为 https://github.com/PacktPublishing/Electron-Projects/tree/master/Chapter04。

4.2　准 备 项 目

本章不打算重复项目的设置过程。到目前为止，读者应已了解如何使用多个框架（甚至是 JavaScript）引导 Electron 应用程序。否则，读者可参考第 3 章中的内容。

接下来使用 React 库创建 React 应用程序工具，进而构建屏幕截图工具。

🛈 **注意：**

当使用 Electron 5.0.0 或后续版本时，需要显式地启用 Node.js 集成。在 Electron 的后续版本中，由于安全问题，Node.js 集成被禁用。

如前所述，Electron 应用程序也可显示远程站点，这使得远程 Web 页面可访问本地资源，但也有可能执行某些恶意操作。这也是禁用 Node.js 的原因。对于完整的离线程序，我们需要显式地启用 Node.js 支持。

另外，我们还将使用本地资源和资源数据，因而需要借助于 webPreferences 对象以在 Web 渲染处理过程中使用 window.require 和其他 Node.js 特性。通过下列代码，可启用全部所需的特性。

```
webPreferences: {
  nodeIntegration: true
}
```

参考下列代码并更新 createWindow 函数。

```
function createWindow() {
  win = new BrowserWindow({
    transparent: true,
    frame: false,
    webPreferences: {
      nodeIntegration: true
    }
  });

  win.loadURL('http://localhost:3000');
```

```
win.on('closed', () => {
  win = null;
});
}
```

除此之外，还存在多个选项可供调试，读者可访问 https://electronjs.org/docs/api/browser-window 查看其完整列表。

在项目准备完毕后，接下来讨论创建应用程序的第 1 个步骤，并利用 Electron 创建一个无框窗口。

4.3　配置无框窗口

对于屏幕剪裁工具，我们需要选择一个最小窗口（称作 Chrome），以便选择屏幕的一部分区域生成屏幕截图。对此，需要使用无框窗口的 Electron 特性，并可打开一个不包含工具栏、边框和其他图形元素的窗口。

🛈 **注意：**

读者可访问 https://electronjs.org/docs/api/frameless-window 查看相关资源和信息。

此处仅讨论实现当前应用程序所涉及的基本知识。下面考查如何创建一个基本的无框窗口。

（1）更新 main.js 文件，如下所示。

```
win = new BrowserWindow({
    width: 800,
    height: 600,
    webPreferences: {
      nodeIntegration: true
    }
    frame: false
});
```

（2）当运行应用程序时（见图 4.1），窗口中不再包含传统的菜单栏和交通灯按钮（即最小化按钮、最大化按钮和关闭按钮）。

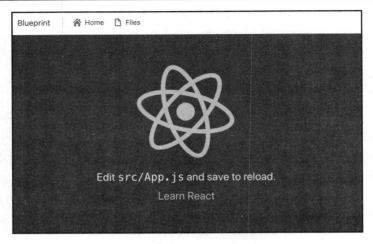

图 4.1

（3）尝试修改工具栏按钮，以使创建的应用程序类型更具实际意义。例如，可通过下列代码实现 Settings 和 About 路由。

```
import React from 'react';
import './App.css';
import { Navbar, Button, Alignment, Icon } from '@blueprintjs/core';
function App() {
  return (
    <div className="App">
      <Navbar>
        <Navbar.Group align={Alignment.LEFT}>
          <Navbar.Heading>Electron Snip</Navbar.Heading>
          <Navbar.Divider />
          <Button className="bp3-minimal" icon="settings"
              text="Settings" />
          <Button className="bp3-minimal" icon="help" text="About" />
        </Navbar.Group>
      </Navbar>
      <main className="App-main">
        <Icon icon="camera" iconSize={100} />
        <p>Electron Snip</p>
      </main>
    </div>
  );
}
export default App;
```

（4）运行实时加载配置。切换至处于运行状态下的应用程序实例，并确保工具栏显示所需的按钮，如图 4.2 所示。

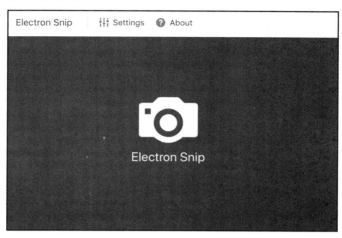

图 4.2

可以看到，此时我们无法在屏幕间拖曳应用程序窗口，稍后将解决这一问题。接下来将讨论与 macOS 协同工作时的一些附加选项。

4.3.1　macOS 的附加选项

当在 macOS 上运行时，可尝试使用 titleBarStyle 属性。关于这一属性，下列内容列出了其官方文档中的描述：

"用户有时可能需要隐藏标题栏，并将内容扩展至完整的窗口大小，同时仍然保留窗口标准操作的控件（如交通灯按钮），而不是将 frame 设置为 false，并禁用标题栏和窗口控件。"

读者可访问 https://electronjs.org/docs/api/frameless-window#alternatives-on- macos 以了解更多内容。

下面考查这些特性的工作方式。

4.3.2　使用隐藏的 titleBarStyle

如果将 titleBarStyle 属性设置为 hidden，则会指示 Electron 隐藏标题栏，但仍保留左上角的交通灯控件。这使我们可继续控制应用程序窗口的外观，同时保留控件按钮背后的行为。

更新 main.js 文件中的 createWindow 函数，如下所示。

```
function createWindow() {
  win = new BrowserWindow({ titleBarStyle: 'hidden' });

  win.loadURL('http://localhost:3000');

  win.on('closed', () => {
    win = null;
  });
}
```

为了使实时重载发挥其功效，此处需要重启应用程序。待 Electron Shell 重启完毕后，应注意观察控件按钮区域和所缺少的标题栏，如图 4.3 所示。

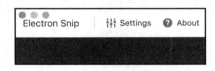

图 4.3

想象一下，你有一个漂亮的边框图片或 CSS 样式，而不是导航栏。

4.3.3　titleBarStyle 属性的 hiddenInset 值

第 2 个选项是 titleBarStyle 属性的 hiddenInset 值。与 hidden 样式的唯一区别是，当采用 hiddenInset 时，按钮具有嵌入式样式，但整体行为依然是相同的。

```
function createWindow() {
  win = new BrowserWindow({ titleBarStyle: 'hiddenInset' });

  win.loadURL('http://localhost:3000');

  win.on('closed', () => {
    win = null;
  });
}
```

重启 Electron 应用程序。当检查窗口控件按钮的位置和样式时，对应效果如图 4.4 所示。

图 4.4

可以看到，按钮位于工具栏内的应用程序标题上方。

4.3.4　titleBarStyle 的 customButtonsOnHover 值

仅在无框模式下运行时，customButtonsOnHover 可以在 macOS 的 titleBarStyle 属性中单独使用。

```
function createWindow() {
  win = new BrowserWindow({
    titleBarStyle: 'customButtonsOnHover',
    frame: false
  });

  win.loadURL('http://localhost:3000');

  win.on('closed', () => {
    win = null;
  });
}
```

当希望自定义窗口呈现出完全非标准状态时，这一选项十分方便。默认状态下，窗口控制按钮（也称作交通灯按钮）处于隐藏状态，但用户仍可通过将鼠标指针悬停于左上角处看到这些按钮。其工作方式如下。

（1）重启应用程序，并关注按钮的位置，如图 4.5 所示。

图 4.5

（2）默认情况下，按钮均处于不可见状态。此时，将鼠标指针移到该区域并查看结果，如图 4.6 所示。

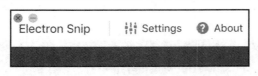

图 4.6

注意：

关于 macOS 中标题栏的样式，读者可访问 https://electronjs.org/docs/api/frameless-window#alternatives-on-macos 以了解更多信息。

接下来将重点考查透明窗口。

4.4　透　明　窗　口

前述内容介绍了屏幕截图工具，进而可选取屏幕区域生成截图。从传统意义上讲，此类工具一般会提供透明、可变的尺寸，以便用户可更加清楚地看到结果。

通过 transparent 属性，即可启用窗口透明机制，如下所示。

```
function createWindow() {
  win = new BrowserWindow({
    transparent: true,
    frame: false
  });

  win.loadURL('http://localhost:3000');

  win.on('closed', () => {
    win = null;
  });
}
```

提示：

透明模式包含自身的平台限制。对此，读者可访问 https://electronjs.org/docs/api/frameless-window#limitations 以了解更多内容。

当尝试运行应用程序时，当前窗口并未处于透明状态，其原因在于，Create React App 为初始应用程序生成了默认背景颜色。对此，可更新 App.css 文件，并注释掉 background-color 样式，如下所示。

```css
.App {
  text-align: center;
}

.App-main {
  /* background-color: #282c34; */
  min-height: 100vh;
  display: flex;
  flex-direction: column;
  align-items: center;
  justify-content: center;
  font-size: calc(10px + 2vmin);
  color: white;
}
```

随后，应用程序体呈现为透明状态，我们可以在背景中看到 Visual Studio Code 或任何其他应用程序中的内容，如图 4.7 所示。

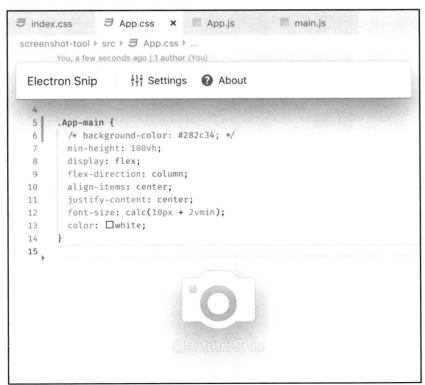

图 4.7

　　由于自定义背景色，工具栏是唯一保留的不透明元素。这对于当前应用场合来说非常好，因为我们打算使用该区域来拖动应用程序。

　　下面通过设置不同的应用程序边框样式，以及应用程序图标的中心化调整应用程序的外观。

　　（1）根据下列代码更新 App.css 文件。

```
.App {
  text-align: center;
  height: 100vh;
}
.App-main {
  height: 100%;
  display: flex;
  flex-direction: column;
  align-items: center;
  justify-content: center;
  font-size: calc(10px + 2vmin);
}
```

上述代码负责执行内容的中心定位。

　　（2）切换至 index.css 文件，并围绕应用程序的 body 元素添加一个边框。

```
@import '~normalize.css';
@import '~@blueprintjs/core/lib/css/blueprint.css';
@import '~@blueprintjs/icons/lib/css/blueprint-icons.css';
body {
  margin: 0;
  padding: 0;
  font-family: -apple-system, BlinkMacSystemFont, 'Segoe UI',
               'Roboto', 'Oxygen', 'Ubuntu', 'Cantarell',
               'Fira Sans', 'Droid Sans', 'Helvetica Neue',
    sans-serif;
  -webkit-font-smoothing: antialiased;
  -moz-osx-font-smoothing: grayscale;

  border: 1px solid black;
  height: 100vh;
  overflow: hidden;
  border-radius: 4px;
}

code {
```

```
font-family: source-code-pro, Menlo, Monaco, Consolas,
            'Courier New',
    monospace;
}
```

（3）当前，应用程序用户可以看到边框和截图区域，如图 4.8 所示。

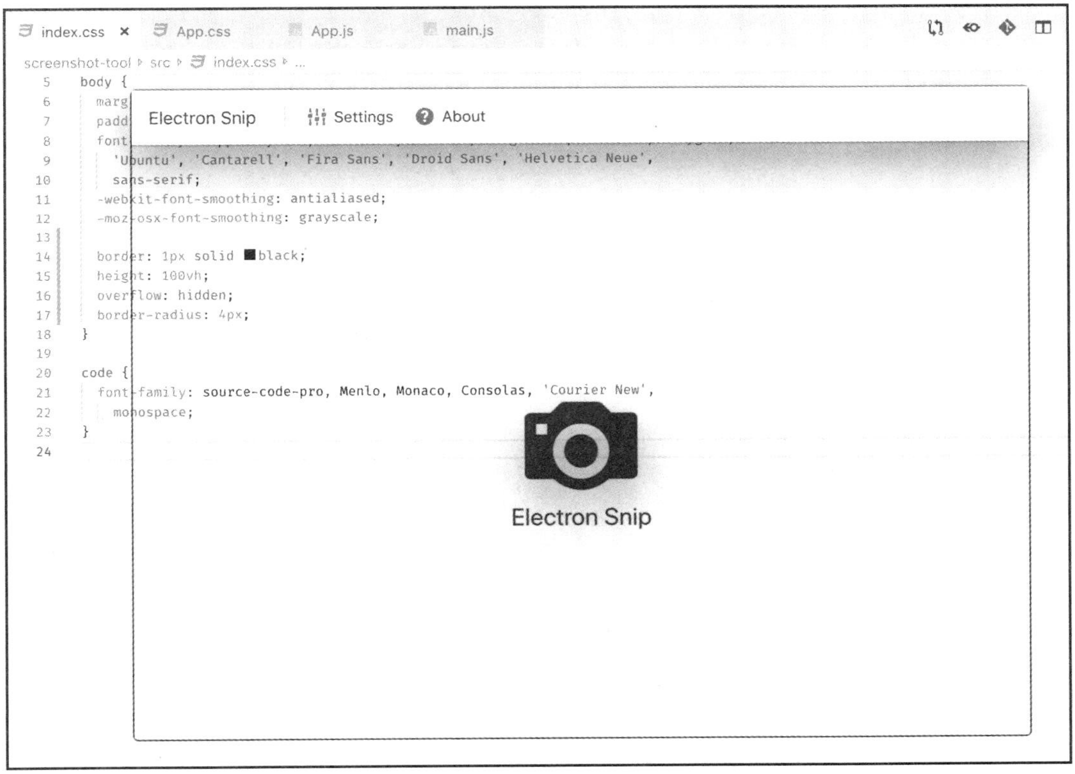

图 4.8

回忆一下，项目的主应用程序窗口仍处于静态。考虑当前窗口为无框窗口，因而不包含应用程序标题且无法对其拖曳。相反，我们可将整个窗口变为可拖动的。

4.5　可拖曳的应用程序窗口

读者可能已经注意到，一旦变为无框窗口，则无法拖曳应用程序窗口。这被视为 Electron 应用程序的默认行为，但也可对此进行修改。也就是说，将 -webkit-app-region: drag

样式应用于 HTML 文档的 body 元素上。

```
<body style="-webkit-app-region: drag">
</body>
```

一旦使用了-webkit-app-region: drag 样式，整个应用程序区域将变为可拖曳的，包括页面上的全部按钮和输入元素。通过-webkit-appregion: no-drag;CSS 值，我们可将特定区域或 HTML 区域列入白名单。在当前示例中，被标记的元素排除在拖曳特性之外。

下面将拖曳区域中的全部按钮列入白名单，以使应用程序用户可执行单击操作。

（1）更新 App.css 文件并添加 button 规则。

```
.App {
  text-align: center;
  height: 100vh;
}

.App-main {
  height: 100%;
  display: flex;
  flex-direction: column;
  align-items: center;
  justify-content: center;
  font-size: calc(10px + 2vmin);
}

button {
  -webkit-app-region: no-drag;
}
```

（2）运行当前应用程序，单击屏幕某处并尝试拖曳窗口。

注意，可通过按下任何元素（除了按钮）拖曳窗口，这也是所期望的应用程序的行为。接下来需要创建一个按钮，以便调用图像截图功能，稍后将对此加以讨论。

4.6　添加截图工具栏按钮

前述内容介绍了可拖曳的窗口以及不可拖曳的菜单按钮，本节将添加一个按钮，以便执行屏幕截图操作。

（1）更新 App.js 代码，并添加包含 camera 图标值和文本 Snip 的新按钮组件，如下所示。

```
<Navbar>
        <Navbar.Group align={Alignment.LEFT}>
          <Navbar.Heading>Electron Snip</Navbar.Heading>
          <Navbar.Divider />
          <Button className="bp3-minimal" icon="settings"
              text="Settings" />
          <Button className="bp3-minimal" icon="help" text="About" />
          <Button className="bp3-minimal" icon="camera"
                                          text="Snip"/>

        </Navbar.Group>
</Navbar>
```

（2）此外还需要添加一个 onSnipClick 函数存根，这将处理 Snip 按钮的单击行为。

（3）创建一个简单的 console.log 调用，以确保处理程序在运行期工作。稍后将讨论其实际实现过程。

```
const onSnipClick = () => {
  console.log('todo: making screenshot');
};
```

（4）完整的 App.js 文件实现如下。

```
import React from 'react';
import './App.css';
import { Navbar, Button, Alignment, Icon } from '@blueprintjs/core';
function App() {
  const onSnipClick = () => {
    console.log('todo: making screenshot');
  };
  return (
    <div className="App">
      <Navbar>
        <Navbar.Group align={Alignment.LEFT}>
          <Navbar.Heading>Electron Snip</Navbar.Heading>
          <Navbar.Divider />
          <Button className="bp3-minimal" icon="settings"
              text="Settings" />
          <Button className="bp3-minimal" icon="help" text="About" />
          <Button
            className="bp3-minimal"
            icon="camera"
            text="Snip"
            onClick={onSnipClick}
          />
```

```
      </Navbar.Group>
    </Navbar>

    <main className="App-main">
      <Icon icon="camera" iconSize={100} />
      <p>Electron Snip</p>
    </main>
  </div>
);
}

export default App;
```

接下来将重点讨论 onSnipClick 函数实现。

4.7　使用 desktopCapturer API

首先需要熟悉 Electron 提供的 desktopCapturer API。根据官方文档，该 API 可执行下列操作。

　　"访问与多媒体资源相关的信息，并可通过 navigator.mediaDevices.getUserMedia
（https://developer.mozilla.org/en/docs/Web/API/MediaDevices/getUserMedia）API 捕捉桌面的音频和视频内容。"

下面将考查相关的基础知识并引入 Snip 按钮单击事件，进而可访问所捕捉的资源。

（1）根据下列代码更新 onSnipClick 函数实现。

```
const onSnipClick = async () => {
    const { desktopCapturer, remote } = window.require('electron');
    const screen = remote.screen;
    try {
    const sources = await desktopCapturer.getSources({ types:
                    ['screen'] });
    const entireScreenSource = sources.find(
      source => source.name === 'Entire Screen'
    );
    if (entireScreenSource) {
      console.log(entireScreenSource);
    }
    } catch (err) {
```

```
        console.error(err);
    }
};
```

注意，用户在使用应用程序时可能会配置多台监视器，在这种情况下，Electron 将会发现多个不同的源。对此，可设置 Screen 1、Screen 2 等，而非 Entire Screen。

出于简单考虑，下面将使用第 1 个屏幕。

（2）更新代码以便可考查多个屏幕，并检查 Screen 1。

```
const entireScreenSource = sources.find(
  source => source.name === 'Entire Screen'
    || source.name === 'Screen 1'
);
```

可以看到，如果 Electron 无法获取 Entire Screen 源，则将检查 Screen 1。

在实际应用程序中，可能需要提供某部分对话框或设置页面，以使用户可配置这些源。例如，可以向用户提供可用资源的列表，并允许他们将其中一些资源设置为默认值。

❗注意：

读者可访问 https://electronjs.org/docs/api/desktop-capturer 以了解详细内容和相关示例。

用户的监视器类型可能包含不同的分辨率和宽高比，较好的例子是配备 Retina 显示屏的 MacBook，因而需要针对缩略图计算主显示尺寸。

4.8　计算主显示尺寸

本节将计算基于捕捉机制的 screen 源。鉴于可能出现多个结果，我们将捕捉名为 Entire Screen 的源，这也是访问单位屏幕的方式之一，以便可录制视频、音频或图像缩略图。

在初始实现中，将检索 Entire Screen 源并将其记录至浏览器控制台中，进而向用户显示其结构，如图 4.9 所示。

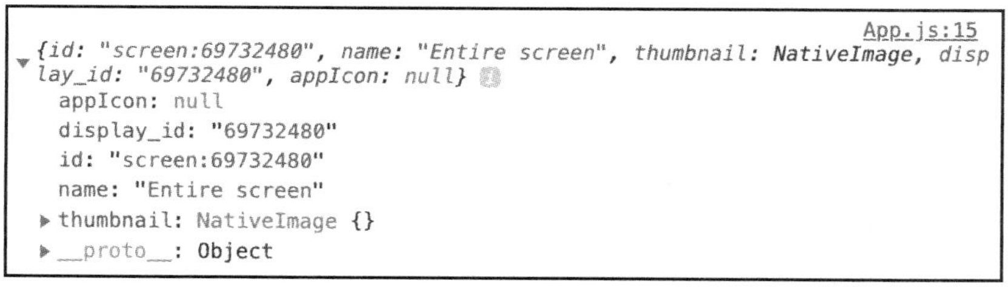

```
                                                              App.js:15
▼ {id: "screen:69732480", name: "Entire screen", thumbnail: NativeImage, disp
▼ lay_id: "69732480", appIcon: null} ⑧
    appIcon: null
    display_id: "69732480"
    id: "screen:69732480"
    name: "Entire screen"
  ▶ thumbnail: NativeImage {}
  ▶ __proto__: Object
```

图 4.9

屏幕捕捉源对象提供的一个较为方便的特性之一是 Thumbnail 生成。相应地，可通过自定义参数生成预览的源缩略图。Source 对象将生成一个 NativeImage 实例以供后续操作。这就是我们要在工具中复用的内容。

同时，Electron 框架还可访问屏幕的细节内容。当与多显示器操作系统协同工作时，可能需要获取主显示器。无论如何，我们都将导入 screen，并计算缩略图的最大正方形尺寸，如下所示。

```
const screenSize = screen.getPrimaryDisplay().workAreaSize;

const maxDimension = Math.max(
  screenSize.width,
  screenSize.height
);

const sources = await desktopCapturer.getSources({
  types: ['screen'],
  thumbnailSize: {
    width: maxDimension * window.devicePixelRatio,
    height: maxDimension * window.devicePixelRatio
  }
});
```

读者可能已经注意到，我们还使用了 window.devicePixelRatio 属性值，以支持 HiDPI 或 Retina 显示屏。

🛈 **注意：**

关于标准显示器和 HiDPI 或 Retina 显示器之间的差异，读者可访问 https://developer.mozilla.org/en-US/docs/Web/API/Window/devicePixelRatio 以了解更多内容。

接下来将生成第一幅屏幕截图，并将其保存为缩略图图像。

4.9　生成并保存缩略图

当请求捕捉源时，可提供一个与主屏尺寸相等的缩略图尺寸。随后可使用 NativeImage 方法执行所需的图像转换和操控行为。

NativeImage 类中定义了多个有用的 API，读者可访问 https://electronjs.org/docs/api/native-image#class-nativeimage 查看更多内容。

接下来需要通过下列函数实现当前应用程序。

❑　toPNG：该函数将图像数据转换为 PNG 格式。

❑　resize：该函数操控结果图像的尺寸。

❑　crop：该函数剪裁掉图像的一部分内容。

通过下列代码可将屏幕缩略图转换为一幅 PNG 图像。

```
const image = entireScreenSource.thumbnail:toPNG();
```

接下来执行下列各项步骤。

（1）从 Node.js 中导入 os、path 和 fs 类，以生成临时文件名。当前，需要使用 writeFile
函数并以本地方式存储文件。此外，还需要使用 Electron 中的 shell 调用 shell 命令。

```
const { desktopCapturer, remote, shell } =
  window.require('electron');
const screen = remote.screen;
const path = window.require('path');
const os = window.require('os');
const fs = window.require('fs');
```

（2）更新代码，生成一个临时文件保存 PNG 图像；使用 shell.openExternal 启动
Electron Shell 外部的文件。

```
try {
    const screenSize = screen.getPrimaryDisplay().workAreaSize;
    const maxDimension = Math.max(screenSize.width,
                        screenSize.height);
    const sources = await desktopCapturer.getSources({
      types: ['screen'],
      thumbnailSize: {
        width: maxDimension * window.devicePixelRatio,
        height: maxDimension * window.devicePixelRatio
      }
    });

    const entireScreenSource = sources.find(
      source => source.name === 'Entire Screen' || source.name ===
        'Screen 1'
    );
    if (entireScreenSource) {
      const outputPath = path.join(os.tmpdir(), 'screenshot.png');
      const image = entireScreenSource.thumbnail.toPNG();
      fs.writeFile(outputPath, image, err => {
```

```
      if (err) return console.error(err);
      shell.openExternal('file://${outputPath}');
    });


  }
} catch (err) {
  console.error(err);
}
```

（3）操作系统将针对预览文件自动获取默认的应用程序。例如，对于 macOS，应获取一个标准预览文件。

```
if (entireScreenSource) {
    // ...
} else {
  window.alert('Screen source not found.');
}
```

接下来考查如何操控最终的图像，并学习如何重置图像尺寸并剪裁图像。

4.10　重置图像尺寸并剪裁图像

对于一幅缩略图，需要在保存至本地存储之前执行下列两项操作。

（1）重置图像尺寸，以便与屏幕尺寸适配。回忆一下，之前曾根据最大尺寸（屏幕的高度或宽度）生成一幅正方形图像。鉴于专用的 resize 方法负责处理此类问题，因而可方便地重置 NativeImage 实例的尺寸。

（2）剪裁图像。对于屏幕区域的整幅截图，用户可能仅需要一部分内容，或无框或透明窗口。因此，需要剪裁图像，并根据窗口边界仅保留矩形部分。

NativeImage 类允许我们执行方法链，并在将最终结果转换为 PNG 格式前调用多个方法。

```
const image = entireScreenSource.thumbnail
      .resize({
        width: screenSize.width,
        height: screenSize.height
      })
      .crop({
        x: window.screenLeft,
        y: window.screenTop,
```

```
            width: window.innerWidth,
            height: window.outerHeight
        })
        .toPNG();
```

我们可以从 Web 渲染端访问应用程序窗口从而稍微改进代码。这意味着，可以访问窗口边界，并操控窗口的状态，如下所示。

```
const { remote } = window.require('electron');

const win = remote.getCurrentWindow();
const windowRect = win.getBounds();
```

不难发现，我们正在访问 remote 对象，并获取当前应用程序窗口。随后，可方便地获取边界矩形，并将其传递至 crop 方法中，如下所示。

```
const image = entireScreenSource.thumbnail
        .resize({
          width: screenSize.width,
          height: screenSize.height
        })
        .crop(windowRect)
        .toPNG();
```

最后，在获取屏幕截图时，需要隐藏窗口并于随后再次对其予以显示。

Web 渲染器已经访问了处于活动状态的应用程序窗口，因而可简单地调用 win.hide() 或 win.show()方法控制其可见性。

下列代码提供了完整的实现过程。

```
const onSnipClick = async () => {
  const { desktopCapturer, screen, shell, remote } = window.require(
      'electron'
  );
  const path = window.require('path');
  const os = window.require('os');
  const fs = window.require('fs');
  const win = remote.getCurrentWindow();
  const windowRect = win.getBounds();

  win.hide();

  try {
    const screenSize = screen.getPrimaryDisplay().workAreaSize;
```

```
        const maxDimension = Math.max(screenSize.width, screenSize.height);

        const sources = await desktopCapturer.getSources({
            types: ['screen'],
            thumbnailSize: {
                width: maxDimension * window.devicePixelRatio,
                height: maxDimension * window.devicePixelRatio
            }
        });

        const entireScreenSource = sources.find(
            source => source.name === 'Entire Screen' || source.name ===
                'Screen 1'
        );

        if (entireScreenSource) {
            const outputPath = path.join(os.tmpdir(), 'screenshot.png');

            const image = entireScreenSource.thumbnail
                .resize({
                    width: screenSize.width,
                    height: screenSize.height
                })
                .crop(windowRect)
                .toPNG();

            fs.writeFile(outputPath, image, err => {
                win.show();

                if (err) return console.error(err);
                shell.openExternal('file://${outputPath}');
            });
        } else {
            window.alert('Screen source not found.');
        }
    } catch (err) {
        console.error(err);
    }
};
```

　　注意，在获取屏幕截图之前调用了 win.hide() 方法隐藏当前窗口，随后在将重置尺寸和剪裁后的结果写入磁盘之前调用 win.show() 方法启用了可见性。

接下来将测试应用程序，进而查看对应结果是否正确。

4.11　测试应用程序的行为

下面将对屏幕截图工具进行测试。

（1）运行 Electron 应用程序，拖曳窗口并选取屏幕的一部分内容。在当前示例中，我们使用 Visual Studio Code 窗口作为源，如图 4.10 所示。

图 4.10

（2）一切就绪后单击 Snip 按钮。此处应注意窗口是如何消失的。随后将得到一个显示图像的默认系统查看器，如图 4.11 所示。

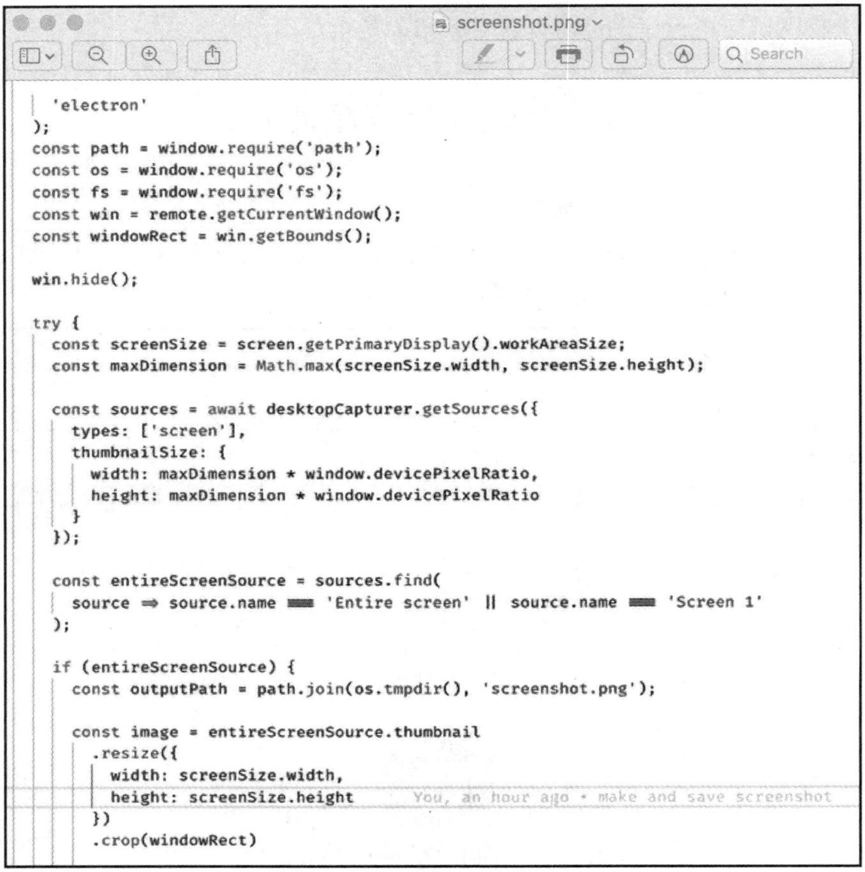
screenshot.png
Search
'electron'
);
const path = window.require('path');
const os = window.require('os');
const fs = window.require('fs');
const win = remote.getCurrentWindow();
const windowRect = win.getBounds();
win.hide();
try {
const screenSize = screen.getPrimaryDisplay().workAreaSize;
const maxDimension = Math.max(screenSize.width, screenSize.height);
const sources = await desktopCapturer.getSources({
types: ['screen'],
thumbnailSize: {
width: maxDimension * window.devicePixelRatio,
height: maxDimension * window.devicePixelRatio
}
});
const entireScreenSource = sources.find(
source => source.name === 'Entire screen' || source.name === 'Screen 1'
);
if (entireScreenSource) {
const outputPath = path.join(os.tmpdir(), 'screenshot.png');
const image = entireScreenSource.thumbnail
.resize({
width: screenSize.width,
height: screenSize.height
You, an hour ago • make and save screenshot
})
.crop(windowRect)

图 4.11

（3）用户可使用预览工具的 Save As 功能保存当前文件。

接下来将添加系统托盘和键盘快捷方式，进一步丰富应用程序中的内容。

4.12 集成系统托盘

在大多数时候，应用程序用户仅在需要时使用应用程序，其他时候则最小化或关闭程序。对此，我们可进一步改进用户体验，并在应用程序于后台运行时将其显示于系统托盘区域。

另一个所需特性是设置全局键盘快捷方式，以便应用程序用户在不使用鼠标的情况下实现快速调用。

系统托盘的集成过程需要执行下列步骤。

（1）导入 Electron 框架中的 Menu 和 Tray 对象、Tray 集成和 Node.js 中的 path，以处理 Tray 图标图像的路径。

```
const { Menu, Tray } = require('electron');
const path = require('path');
let tray;
```

（2）创建名为 assets 的文件夹，并将尺寸为 16×16 的 PNG 格式的图像置于其中。出于简单考虑，此处将该图像命名为 icon.png。

（3）下列代码显示了如何利用自定义图像创建基本的 Tray 项。

```
function createTray() {
  const iconPath = path.join(__dirname, 'assets/icon.png');
  tray = new Tray(iconPath);
  const contextMenu = Menu.buildFromTemplate([
    {
      label: 'Quit',
      type: 'normal',
      click() {
        app.quit();
      }
    }
  ]);

  tray.setToolTip('Screenshot Snipping Tool');
  tray.setContextMenu(contextMenu);
}
```

（4）至此，我们创建了一个名为 createTray 的函数，并构建和设置 Tray 组件。接下来需要从 ready 处理程序中调用该函数。

```
app.on('ready', () => {
  createTray();
  createWindow();
});
```

（5）运行或重启 Electron 应用程序，并检查系统托盘区域。当前示例使用了 macOS 操作系统，当鼠标指针悬停于图标上时，注意查看其中的自定义工具提示内容，如图 4.12 所示。

图 4.12

（6）单击图标后应可看到刚刚在 createMenu 函数中定义的 Quiy 菜单项，如图 4.13
所示。

图 4.13

接下来将适当地改善用户体验，并在启动时隐藏应用程序窗口。

4.13　启动时隐藏主应用程序菜单

本节尝试在启动时隐藏主应用程序窗口，且仅在系统托盘菜单中调用时予以显示。

（1）BrowserWindow 类提供了 show 和 hide 方法，用于控制窗口实例的可见性。这
意味着，可在启动并构建窗口对象时调用 hide 方法。

```
function createWindow() {
  win = new BrowserWindow({
    transparent: true,
    frame: false,
    webPreferences: {
      nodeIntegration: true
    }
  });

  win.hide();
  win.loadURL('http://localhost:3000');
  win.on('closed', () => {
    win = null;
  });
}
```

（2）创建额外的 Show 菜单项，调用 win.show 并向用户显示主应用程序窗口。

```
function createTray() {
  const iconPath = path.join(__dirname, 'assets/icon.png');
```

```
tray = new Tray(iconPath);
const contextMenu = Menu.buildFromTemplate([
  {
    label: 'Show',
    type: 'normal',
    click() {
      win.show();
    }
  },
  {
    label: 'Quit',
    type: 'normal',
    click() {
      app.quit();
    }
  }
]);

tray.setToolTip('Screenshot Snipping Tool');
tray.setContextMenu(contextMenu);
}
```

目前暂时不要启动应用程序，接下来将注册一些全局键盘快捷方式。

4.14　注册全局键盘快捷方式

当前，最小化的系统托盘已处于可运行状态，下面将对此提供键盘快捷方式。相应地，我们可使用任意所选的组合键，如 Shift+Cmd+Alt+ S 组合键（macOS）或 Shift+Ctrl+Alt+S 组合键（Linux 和 Windows）。

（1）导入 Electron 框架中的 globalShortcut，如下所示。

```
const { app, BrowserWindow, Menu, Tray,
        globalShortcut } = require('electron');
```

（2）如前所述，通过菜单项的 accelerator 属性可提供和渲染组合键。

```
function createTray() {
  const iconPath = path.join(__dirname, 'assets/icon.png');
  tray = new Tray(iconPath);
  const contextMenu = Menu.buildFromTemplate([
    {
```

```
      label: 'Show',
      type: 'normal',
      accelerator: 'CommandOrControl+Alt+Shift+S',
      click() {
        win.show();
      }
    },
    {
      label: 'Quit',
      type: 'normal',
      click() {
        app.quit();
      }
    }
  ]);

  tray.setToolTip('Screenshot Snipping Tool');
  tray.setContextMenu(contextMenu);
}
```

（3）然而，上述代码在应用程序最小化时并不会调用窗口，且主要起到提示作用，并通知用户应使用哪一种组合键。对此，需要注册一个全局句柄，如下所示。

```
globalShortcut.register('CommandOrControl+Alt+Shift+S', () => {
    if (win) {
      win.show();
    }
});
```

（4）当调用全局快捷方式句柄时，可调用 win.show()方法显示应用程序主窗口，以便终端用户可获取桌面屏幕截图，如图 4.14 所示。

图 4.14

（5）在获取截图后禁用对应窗口，如下所示。

```
fs.writeFile(outputPath, image, err => {
        // win.show();

        if (err) return console.error(err);
```

```
        shell.openExternal('file://${outputPath}');
    });
```

此外，读者还可尝试扩展并改进桌面截图工具。

4.15　本章小结

本章借助于 React 和 Electron 创建并管理轻量级屏幕截图工具。

其间，我们学习了 Electron 中的桌面捕捉 API、如何检测多个屏幕、如何与像素级比率协同工作、如何生成整个桌面的屏幕截图，并控制应用程序透明度和可见性。此外，本章还介绍了 Tray API 和全局键盘快捷方式以便调用应用程序。读者可通过更多的特性尝试扩展当前项目内容。

第 5 章将构建一个简单的 2D 游戏，并讨论基于 Electron 应用程序的图形和游戏机制。

第 5 章　制作 2D 游戏

本章将构建一个简单的 2D 游戏，并通过 Electron 框架运行于全部主流平台框架上。本章并不打算构建一个游戏引擎，为了节省时间并强调结果，我们将使用 Phaser。Phaser 是一款免费、开源、快速的 Canvas 和 WebGL 框架，同时支持浏览器和移动游戏。读者可访问 https://www.phaser.io/了解与 Phaser 相关的更多信息。

首先我们将创建一个新的项目，并将简单的 Phaser 示例打包为桌面应用程序，以渲染图像和管理游戏精灵（sprite）。

这里，精灵是一个计算机图形学术语，定义为一个集成于较大场景（通常是一个 2D 视频游戏）中的二维位图。实际上，精灵是一个可移动、翻转和被操控的游戏对象。

此外，本章还将学习处理键盘事件。在阅读完本章内容后，读者将初步了解如何实现多平台的游戏开发机制。

本章主要涉及以下主题。

- ❑　配置游戏项目。
- ❑　运行 Hello World 示例。
- ❑　渲染背景图像。
- ❑　赋值窗口尺寸变化。
- ❑　渲染精灵对象。
- ❑　缩放精灵对象。
- ❑　处理键盘输入。
- ❑　根据方向翻转精灵对象。
- ❑　控制精灵对象的坐标。
- ❑　控制精灵对象的速度。

5.1　技术需求

当实现本章示例时，读者需要配置一台运行 macOS、Windows 或 Linux 的笔记本或桌面电脑。

本章至少需要安装下列软件。

  ❑ Git 版本控制系统。

  ❑ 基于 NPM 的 Node.js。

  ❑ 免费、开源的代码编辑器 Visual Studio Code。

读者可访问 GitHub 查看本章的代码文件,对应网址为 https://github.com/PacktPublishing/Electron-Projects/tree/master/Chapter05。

5.2　配置游戏项目

配置基本的 Electron 应用程序,需要选取项目文件的目标位置,并执行下列步骤。

(1)创建一个名为 game 的新文件夹,以存储游戏项目的文件和资源数据。

```
mkdir game
cd game
```

(2)初始化项目并安装 Electron 和 Phaser 库。

```
npm init -y
npm i electron
npm i phaser
```

(3)如前所述,在 package.json 文件的 scripts 部分设置一个 start 脚本。另外,还需要更新 main 入口点。

(4)当前,文件内容应如下所示。

```
{
  "name": "game",
  "version": "1.0.0",
  "description": "",
  "main": "main.js",
  "scripts": {
    "start": "electron ."
  },
  "keywords": [],
  "author": "",
  "license": "ISC",
  "dependencies": {
    "electron": "^7.0.0",
    "phaser": "^3.20.1"
  }
}
```

（5）将 main.js 文件置于项目的 root 文件夹中。下列代码展示了运行游戏的最低限度的内容。

```
const { app, BrowserWindow } = require('electron');

function createWindow() {
  const win = new BrowserWindow({
    width: 800,
    height: 600,
    webPreferences: {
      nodeIntegration: true
    }
  });
  win.loadFile('index.html');
}

app.on('ready', createWindow);
```

尽管可直接在 index.html 文件中声明 JavaScript 代码，但此处强烈建议将游戏内容存储于独立的 game.js 文件中。

（6）下列代码展示了 game.js 文件所需的最低限度的内容。

```
var config = {
  type: Phaser.AUTO,
  width: 800,
  height: 600,
  backgroundColor: '#03187D',
  scene: {
    preload: preload,
    create: create,
    update: update
  }
};
var game = new Phaser.Game(config);
function preload() {}
function create() {}
function update() {}
```

不难发现，初始配置内容具有自解释性。其间，我们创建了一个尺寸为 800×600 像素的窗口，并包含了一些预定义背景颜色和一些函数引用。

具体来说，当启动一个新的游戏时，常会使用 3 个函数，即 preload、create 和 update 函数。

❑　启动游戏时，将调用 preload 函数。当渲染包含进度条的加载页面时，该函数十
分有用。另外，此时应加载全部游戏资源数据。

❑　create 函数定义为游戏的主要构造器，并于其中执行全部初始化逻辑。如设置背
景、创建游戏角色，以及配置键盘和鼠标输入。

❑　update 函数则在每次游戏需要更新其状态时被调用。这是一个调用最为频繁的
函数，即每秒被多次调用。

稍后将详细考查主要的函数。下面首先按照下列步骤设置项目。

（1）将 index.html 文件置于项目的 root 目录中，并导入 phaser.min.js 和 game.js 文件。

```html
<!DOCTYPE html>
<html>
  <head>
    <meta charset="UTF-8" />
    <title>Hello World!</title>
  </head>
  <body>
    <script src="node_modules/phaser/dist/phaser.min.js"></script>
    <script src="game.js"></script>
  </body>
</html>
```

（2）建议针对游戏创建一个专用的 CSS 样式表文件，以便可以删除所有的文档页边
距和禁用滚动条。

（3）创建一个 game.css 文件（与 game.js 文件位于同一目录），并将下列内容置于
其中。

```css
body {
  margin: 0;
  overflow: hidden;
}
```

（4）更新游戏窗口并导入样式表。此时，index.html 文件内容如下。

```html
<!DOCTYPE html>
<html>
  <head>
    <meta charset="UTF-8" />
    <title>Electron Game</title>
    <link rel="stylesheet" href="game.css" />
  </head>
  <body>
```

```
    <script src="node_modules/phaser/dist/phaser.min.js"></script>
    <script src="game.js"></script>
  </body>
</html>
```

（5）当查看第 1 个游戏项目时，在 Terminal 窗口或 Command Prompt 中运行下列命令。

```
npm start
```

（6）应用程序启动后，应可看到一个深蓝色的窗口，如图 5.1 所示。这意味着，Phaser 游戏处于运行状态，并按照期望方式渲染背景。

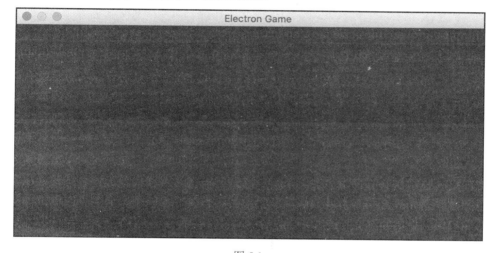

图 5.1

当前游戏并未执行过多的任务，仅作为后续游戏项目的模板。读者可查看 Phaser 的官方示例，并将其封装至自己的项目中

5.3　运行 Hello World 示例

本节将讨论来自官方的示例程序 Hello World，并将其转换为 Electron 支持的桌面应用程序。

（1）创建配置文件，如下所示，其中包含额外的 physics 项。

```
var config = {
  type: Phaser.AUTO,
  width: 800,
```

```
  height: 600,
  backgroundColor: '#03187D',
  physics: {
    default: 'arcade',
    arcade: {
      gravity: { y: 200 }
    }
  },
  scene: {
    preload: preload,
    create: create,
    update: update
  }
};
```

（2）实现 preload 函数并加载一些图像资源。

```
function preload() {
  this.load.setBaseURL('http://labs.phaser.io');
  this.load.image('sky', 'assets/skies/space3.png');
  this.load.image('logo', 'assets/sprites/phaser3-logo.png');
  this.load.image('red', 'assets/particles/red.png');
}
```

上述代码包含了两项重点内容。注意，我们可针对所有的游戏资源数据设置基本 URL，取决于具体的场景，可以是本地地址或远程地址。某些时候，可能需要通过远程方式存储资源数据，以便更新游戏服务器，并将变化内容应用于全部客户端。针对当前示例，我们将从 http://labs.phaser.io Web 地址获取全部资源。

另一个关注点则是如何加载游戏资源数据，Phaser 框架支持数据文件的加载，并向其赋予游戏中使用的唯一键。由于可在单独某处修改资源数据图像，且无须在多出更改键，因而该方案使用起来十分方便。

（3）根据下列代码更新 create 函数。

```
function create() {
  this.add.image(400, 300, 'sky');
  var particles = this.add.particles('red');

  var emitter = particles.createEmitter({
    speed: 100,
    scale: { start: 1, end: 0 },
    blendMode: 'ADD'
  });
```

```
var logo = this.physics.add.image(400, 100, 'logo');

logo.setVelocity(100, 200);
logo.setBounce(1, 1);
logo.setCollideWorldBounds(true);

emitter.startFollow(logo);
}
```

（4）重启应用程序，此时将看到围绕自定义背景弹跳的 Phaser Logo。除此之外，粒子系统还向 Logo 精灵对象添加了某些特效，如图 5.2 所示。

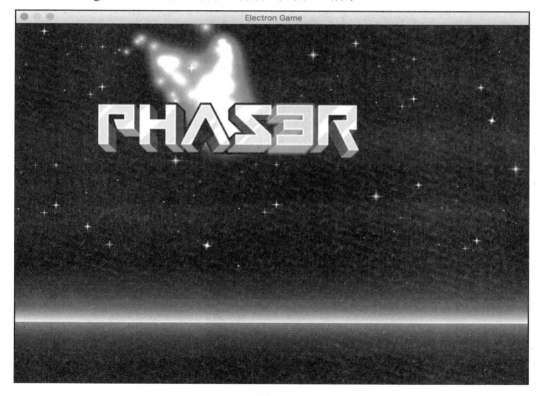

图 5.2

接下来将在此基础上对游戏进行修改，并加载自定义背景以及渲染某些不同的精灵对象。此处，建议使用一幅包含宇宙飞船的空间背景图像。借助于键盘输入处理机制，用户还可进一步控制飞船的飞行方向。

5.4　渲染背景图像

　　游戏资源数据将采用本地方式存储，我们所开发的游戏也将以完全离线的方式运行。下面考查如何渲染背景图像。

　　（1）在项目根目录中创建 assets 文件夹以存储文件。

　　（2）查找并下载太空图像，如图 5.3 所示。

图 5.3

ⓘ **注意：**

　　读者可访问本书的 GitH 存储库查找背景图像，对应网址为 https://github.com/PacktPublishing/Electron-Projects/blob/master/Chapter05/assets/background.jpg。

　　（3）将背景图像保存为 assets/background.jpg 文件。

　　（4）更新 preload 函数并将基本 URL 设置为本地 application 文件夹，随后获取背景图像。另外，我们将 background 赋予该图像，以便在下列代码中引用该图像。

```
function preload() {
  this.load.setBaseURL('.');
  this.load.image('background', 'assets/background.jpg');
}
```

　　（5）当作为游戏背景显示该图像时，需要执行某些图像操作。这里，原始图像不一定是 800×600 像素；或者我们可能希望拥有不同的窗口尺寸。无论在哪一种情况下，图像都应与整个窗口适配并进行适当的缩放调整。

（6）update 函数负责添加游戏场景并缩放背景图像。

```
function create() {
  const image = this.add.image(
    this.cameras.main.width / 2,
    this.cameras.main.height / 2,
    'background'
  );
  let scaleX = this.cameras.main.width / image.width;
  let scaleY = this.cameras.main.height / image.height;
  let scale = Math.max(scaleX, scaleY);
  image.setScale(scale).setScrollFactor(0);
}
```

（7）前述内容定义了 preload 和 create 函数实现。在考查 update 函数之前，当前应用程序如图 5.4 所示。

图 5.4

可以看到，图像匹配于主内容区域，但出于简单考虑，接下来讨论一下如何关闭 Electron Shell 的尺寸重置机制。

5.5　禁止窗口尺寸变化

前述内容创建了一个像素尺寸为 800×600 的 Electron 窗口，同时还通过相同的尺寸参数初始化了一款 Phaser 游戏。如果并不打算处理缩放或尺寸重置行为，即限定窗口的尺寸，那么可在 main.js 文件中执行下列操作。

```
const { app, BrowserWindow } = require('electron');

function createWindow() {
  const win = new BrowserWindow({
    width: 800,
    height: 600,
    webPreferences: {
      nodeIntegration: true
    },
    resizable: false
  });

  win.loadFile('index.html');
}

app.on('ready', createWindow);
```

稍后可一直禁用该选项，并在多个屏幕尺寸中运行游戏。接下来讨论如何创建一个飞船精灵对象。

5.6　渲染精灵对象

本节将介绍如何渲染一个精灵对象。

（1）获取一幅飞船图像，并将其添加至 assets 文件夹中。当前示例使用了 phaser-ship.png 文件。

（2）将图像加载至游戏中并作为一个 ship 资源数据。

```
function preload() {
  this.load.setBaseURL('.');
```

```
this.load.image('background', 'assets/background.jpg');
this.load.image('ship', 'assets/phaser-ship.png');
}
```

（3）创建一个名为 ship 的全局变量，并包含飞船精灵对象。

```
const game = new Phaser.Game(config);
let ship;
```

（4）在 create 函数中分配 ship 变量。另外，我们需要在 update 函数中复用该变量。

```
// Create ship
ship = this.add.sprite(100, 100, 'ship');
```

这里，应注意初始坐标和资源数据键的传递方式，进而向游戏中添加一个新的精灵对象。当精灵对象首次出现时，还可控制该对象在屏幕上的位置。在当前示例中，精灵对象的坐标为距左上角 100 个像素的位置。

另外，如果需要调整精灵对象的大小，还可对图像执行缩放操作。稍后将对此加以讨论。

5.7　缩放精灵对象

类似于背景图像，飞船的原始图像也可能过大或过小，因而需要对其进行缩放。

（1）以浮点数形式设置自定义缩放机制时，可使用 sprite.setScale(x, y)方法。

```
// Create ship
ship = this.add.sprite(100, 100, 'ship');
ship.setScale(4, 4);
```

（2）借助于全局变量，游戏的 create 函数实现如下。

```
const game = new Phaser.Game(config);
let ship;

function create() {
  // Create background
  const image = this.add.image(
    this.cameras.main.width / 2,
    this.cameras.main.height / 2,
    'background'
  );
  let scaleX = this.cameras.main.width / image.width;
```

```
    let scaleY = this.cameras.main.height / image.height;
    let scale = Math.max(scaleX, scaleY);
    image.setScale(scale).setScrollFactor(0);

    // Create ship
    ship = this.add.sprite(100, 100, 'ship');
    ship.setScale(4, 4);
}
```

（3）重启应用程序，随后可看到飞船图像显示于屏幕的 100∶100 位置处。经适当放大后，飞船图像比原始图像大 4 倍，如图 5.5 所示。

图 5.5

通常情况下，资源数据应是游戏所要求的大小，进而在运行期缩放数据时以节省 CPU 和 RAM 空间。然而，读者仍需了解如何缩放图像，因而此处采用了较小的图像以供用户重置其尺寸。

接下来讨论如何处理键盘输入，进而在屏幕上移动飞船对象。

5.8 处理键盘输入

本节将对当前这一款小型游戏提供键盘支持，用户将能够使用键盘在各个方向上移动飞船对象。当访问键盘状态时，需要定义一个全局变量保存已按下的键的状态。

（1）定义 cursors 并将其置于 game 实例下。

```
const game = new Phaser.Game(config);
let cursors;
```

（2）create 函数可访问 input.keyboard 对象。我们可使用该对象检索指向键盘状态的引用。

```
// Create cursors
cursors = this.input.keyboard.createCursorKeys();
```

根据官方文档中的描述，这将生成一个名为 cursors 的新对象，该对象包含了 4 个对象，即 up、down、left 和 right，即所有的 Phaser.Key 对象。因此，处理这 4 个对象也就是处理 Key 对象。

（3）检查 update 方法中的键状态。回忆一下，update 方法在每秒中将被多次调用，因而可于此处检查输入控制的状态，并相应地更新游戏。

```
function update() {
  if (cursors.right.isDown) {
    ship.x += 2;
  }
}
```

（4）每次调用 update 方法时，将检查 right 键的状态，如果该键被按下，则将飞船对象的水平位置递增 2。相反，如果 left 键被按下，则将飞船对象的水平位置递减 2。

```
function update() {
  if (cursors.right.isDown) {
    ship.x += 2;
  } else if (cursors.left.isDown) {
    ship.x -= 2;
  }
}
```

（5）在处理了飞船对象的水平运动后，还需要进一步支持垂直方向上的运动行为。

对应代码如下。

```
function update() {
  if (cursors.right.isDown) {
    ship.x += 2;
  } else if (cursors.left.isDown) {
    ship.x -= 2;
  } else if (cursors.up.isDown) {
    ship.y -= 2;
  } else if (cursors.down.isDown) {
    ship.y += 2;
  }
}
```

（6）重启 Electron 应用程序并尝试使用键盘进行操作。当前，飞船对象可在各个方向上运动，如图 5.6 所示。

图 5.6

本节成功地实现了针对游戏项目的键盘支持。具体来说，我们可接收键的状态，并根据用户的操作修改键盘的坐标。接下来将使飞船对象更具自然特征，并考查其运动朝向问题。

5.9　根据方向翻转飞船对象

当移动飞船对象时，可以看到，该对象总是朝向右侧，因为用于精灵对象的原始图像一直朝向右侧。

在实际操作过程中，飞船应面向其运动方向。对此，Photon 框架支持精灵图像的翻转行为，并可通过下列命令在水平或垂直方向上逆置飞船对象。

```
sprite.flipX = true;
```

更新代码，并根据键盘状态翻转图像。

```
function update() {
 // RIGHT button
 if (cursors.right.isDown) {
  ship.x += 2;
  ship.flipX = false;
 }
 // LEFT button
 else if (cursors.left.isDown) {
  ship.x -= 2;
  ship.flipX = true;
 }
 // UP button
 else if (cursors.up.isDown) {
  ship.y -= 2;
 }
 // DOWN button
 else if (cursors.down.isDown) {
  ship.y += 2;
 }
}
```

重启游戏应用程序，并在左、右方向上移动飞船对象。注意图像的变化如何反映飞船对象方向上的变化，如图 5.7 所示。

图 5.7

通过运动方向翻转图像，飞船对象的行为将更加自然。接下来将讨论如何防止飞船对象移出屏幕。

5.10　控制精灵对象的坐标

这里，我们将在屏幕的另一部分渲染飞船对象。

（1）将屏幕尺寸设置为常量以供代码使用。

```
const screenWidth = 800;
const screenHeight = 600;
var config = {
  type: Phaser.AUTO,
  width: screenWidth,
```

```
  height: screenHeight,
  backgroundColor: '#03187D',
  scene: {
    preload: preload,
    create: create,
    update: update
  }
};
```

（2）在每次更新时，检查飞船对象的新坐标是否离屏，并修改值以指向其他位置；或者阻止飞船对象移动，以使其停留于原地。

```
function update() {
  // RIGHT button
  if (cursors.right.isDown) {
    ship.x += 2;
    ship.flipX = false;
  }
  // LEFT button
  else if (cursors.left.isDown) {
    ship.x -= 2;
    if (ship.x <= 0) {
      ship.x = screenWidth;
    }
    ship.flipX = true;
  }
  // UP button
  else if (cursors.up.isDown) {
    ship.y -= 2;
  }
  // DOWN button
  else if (cursors.down.isDown) {
    ship.y += 2;
  }
}
```

（3）可以看到，每次水平或 x 坐标小于 0 时，即图像离开屏幕左侧，我们将该坐标重新赋值为屏幕的宽度值，即游戏屏幕的右侧。

（4）重启游戏并按下左侧箭头，直至飞船对象到达游戏屏幕的左侧，如图 5.8 所示。

（5）尝试使飞船对象离屏运动，随后该对象将出现于屏幕的右侧，并向屏幕中心位置处运动，如图 5.9 所示。

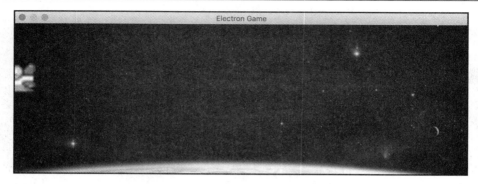

图 5.8

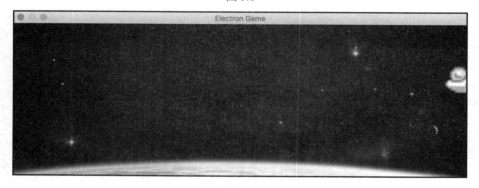

图 5.9

（6）针对垂直轴执行类似的操作。

```
function update() {
  // RIGHT button
  if (cursors.right.isDown) {
    ship.x += 2;
    if (ship.x >= screenWidth) {
      ship.x = 0;
    }
    ship.flipX = false;
  }
  // LEFT button
  else if (cursors.left.isDown) {
    ship.x -= 2;
    if (ship.x <= 0) {
      ship.x = screenWidth;
    }
```

```
    ship.flipX = true;
  }
  // UP button
  else if (cursors.up.isDown) {
    ship.y -= 2;
    if (ship.y <= 0) {
      ship.y = screenHeight;
    }
  }
  // DOWN button
  else if (cursors.down.isDown) {
    ship.y += 2;
    if (ship.y >= screenHeight) {
      ship.y = 0;
    }
  }
}
```

当飞船对象到达屏幕的底部时，可将其移至上方，反之亦然。当前，飞船对象不会脱离屏幕，且总是出现在屏幕的相反一侧。

本节讨论了如何控制精灵对象的屏幕指标。接下来将学习如何控制飞船对象的速度。

5.11 控制精灵对象的速度

在 update 调用中，飞船精灵对象的位置将递增 2。在实际操作过程中，可能需要将该值存储为一个全局常量（或中心设置项）。在当前示例中，修改整体速度意味着，仅需要更新单一常量或变量，而非重构整个游戏。

之前曾把屏幕尺寸定义为常量，对于速度可执行同样的操作。

（1）引入新常量 shipSpeed 并将其值设置为 2。

```
const screenWidth = 800;
const screenHeight = 600;
const shipSpeed = 2;
```

（2）更新代码并在递增/递减飞船对象位置处使用 shipSpeed 常量，如下所示。

```
function update() {
  // RIGHT button
  if (cursors.right.isDown) {
    ship.x += shipSpeed;
```

```
    if (ship.x >= screenWidth) {
      ship.x = 0;
    }
    ship.flipX = false;
  }
  // LEFT button
  else if (cursors.left.isDown) {
    ship.x -= shipSpeed;
    if (ship.x <= 0) {
      ship.x = screenWidth;
    }
    ship.flipX = true;
  }
  // UP button
  else if (cursors.up.isDown) {
    ship.y -= shipSpeed;
    if (ship.y <= 0) {
      ship.y = screenHeight;
    }
  }
  // DOWN button
  else if (cursors.down.isDown) {
    ship.y += shipSpeed;
    if (ship.y >= screenHeight) {
      ship.y = 0;
    }
  }
}
```

可以看到，目前在单一位置处保存飞船对象的速度。我们并未在多处重构代码，修改 shipSpeed 常量将会在所有的代码块中予以体现。

（3）将速度修改为 4 并查看对应结果。

```
const shipSpeed = 4;
```

注意，当飞船对象在 4 个方向上运动时，速度将是以前的 2 倍。对此，我们可进行多次尝试，提高或降低飞船的速度，直至找到一个提供最佳和平稳运动行为的值。

🔘 提示：

较好的做法是在某一处使用常量或变量，进而控制游戏各方面元素，这将有助于避免代码重复和重构。

5.12　本　章　小　结

本章与游戏开发和 Electron 框架相关。其间，我们创建了一个简单的游戏项目，经适当扩展后可成为真正意义上的跨平台游戏。本章介绍了加载和渲染窗口背景、绘制和操控游戏精灵对象，以及控制键盘输入。

当与 Phaser 框架协同工作时，应参考其官方教程，对应网址为 http://phaser.io/learn。在 game 文件夹中，读者可查看本书完整的项目源代码。

第 6 章将构建一个音乐播放器，并提供播放控制、元数据和专辑封面。

第 6 章　构建音乐播放器

前述内容讨论了如何创建基本的 Electron 应用程序，在此基础上，本章将介绍一些与多媒体组件和硬件相关的内容。

本章将构建一个简单的音乐播放器应用程序，其中包括播放控制、声音选项、元数据和专辑封面。

其间，我们将学习如何使用 Web 技术并针对桌面应用程序构建跨平台音乐播放器，并为后续内容提供一个基础框架。在阅读完本章后，我们将得到一个小型音乐播放器，并支持专辑封面和元数据。

本章主要涉及以下主题。

- ❑　搭建项目。
- ❑　设置音乐播放器组件。
- ❑　设置播放控制组件。
- ❑　实现音乐进度栏。
- ❑　显示音乐元数据。
- ❑　改进用户界面。
- ❑　查看最终结构。

6.1　技　术　需　求

当学习本章内容时，读者需要配置一台运行 macOS、Windows 或 Linux 的标准笔记本电脑或桌面电脑。

本章需要安装下列软件。

- ❑　Git 版本控制系统。
- ❑　基于 NPM 的 Node.js。
- ❑　免费、开源的代码编辑器 Visual Studio Code。

读者可访问 GitHub 存储库查看本章的代码文件，对应网址为 https://github.com/PacktPublishing/Electron-Projects/tree/master/Chapter06。

6.2　创 建 项 目

本章项目命名为 music-player，并采用纯 JavaScript 和 HTML5 栈实现，且不需要使用其他框架。

下面通过 Terminal window 或 Command Prompt 创建一个新项目。

（1）访问 projects 或 home 文件夹。

（2）在 Terminal window 或 Command Prompt 中运行下列命令。

```
mkdir music-player
cd music-player
```

上述代码针对音乐播放器应用程序生成了一个新目录。

（3）初始化项目并生成 package.json 文件。随后使用下列命令设置 npm 项目。

```
npm init -y
echo node_modules > .gitignore
npm i -D electron
```

可以看到，除了利用 NPM 设置新项目之外，当决定使用 GitHub 或 GitLab 存储库存储项目代码时，我们还生成了一个最小化的.gitignore 文件。此外，我们还安装了 Electron 框架依赖项。

（4）根据下列代码更新 main 和 scripts 部分。

```
{
  "name": "music-player",
  "version": "1.0.0",
  "description": "",
  "main": "main.js",
  "scripts": {
    "start": "electron ."
  },
  "keywords": [],
  "author": "",
  "license": "ISC",
  "devDependencies": {
    "electron": "^7.0.0"
  }
}
```

main.js 文件与之前所用的模板基本相同。下面首先使用一个固定尺寸为 800×600 像素的窗口，同时启用 Node.js 集成。

（5）使用下列代码在项目的根目录中生成新的 main.js 文件。

```
const { app, BrowserWindow } = require('electron');

function createWindow() {
  const win = new BrowserWindow({
    width: 800,
    height: 600,
    webPreferences: {
      nodeIntegration: true
    },
    resizable: false
  });

  win.loadFile('index.html');
}

app.on('ready', createWindow);
```

（6）用于渲染主应用程序窗口的 index.html 文件内容如下。

```
<!DOCTYPE html>
<html>
  <head>
    <meta charset="UTF-8" />
    <title>Music Player</title>
  </head>
  <body>
    <h1>Music Player</h1>
  </body>
</html>
```

（7）在 Command Prompt 中运行下列命令，并查看当前应用程序是否按照期望方式运行。

```
npm start
```

（8）启动 Electron 应用程序后，对应的屏幕效果如图 6.1 所示。

图 6.1

　　针对后续的音乐播放器项目，此时我们得到了一个基本的应用程序模板。建议对此进行备份，并在构建类似项目时使用该模板以节省时间。

　　接下来将选择音乐组件库，这将构成项目的基础内容。

6.3　音乐播放器组件

　　通过 HTML5 和 JavaScript，浏览器对音乐和视频播放提供了完整的支持。但考查所有规范和 API 往往会占用大量的学习时间。

　　此外，构建跨浏览器的音乐组件并非是一项简单任务，因此强烈推荐使用现有的第三方组件（无论是免费软件还是付费软件），其中封装了所需的特性。

　　针对当前项目，我们将使用 HTML5 音乐播放器 AmplitudeJS，如图 6.2 所示，且无须安装外部依赖项。

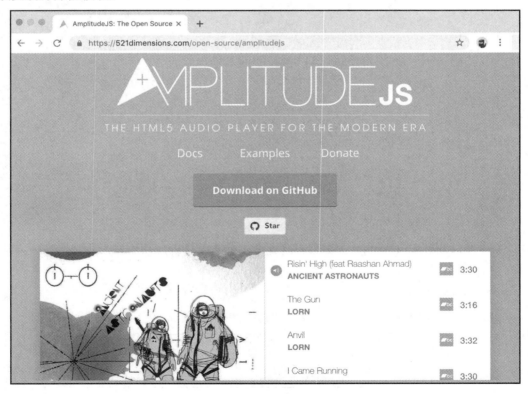

图 6.2

音乐播放器组件的添加步骤如下。

（1）利用下列 NPM 命令安装 AmplitudeJS JavaScript。

```
npm i amplitudejs
```

尽管可通过 script 标签在 HTML 文档中编写 JavaScript，但较好的做法是使脚本与表现层分离。

（2）分离关注点并引入一个名为 player.js 的新文件。该文件保存所有与音乐播放器实现和播放相关的代码。随后利用下列存根内容创建 player.js 文件。

```
// player.js
// todo: player configuration
```

（3）更新 index.html 文件，并在导入 amplitude.js 之后、body 标签下方包含新创建的 player.js 文件。

（4）对应文件内容如下。

```
<!DOCTYPE html>
<html>
  <head>
    <meta charset="UTF-8" />
    <title>Music Player</title>
  </head>
  <body>
    <h1>Music Player</h1>
    <script src="./node_modules/amplitudejs/dist/amplitude.js">
    </script>
    <script src="./player.js"></script>
  </body>
</html>
```

此时，我们得到了一个 Electron 应用程序，并在启动时加载和初始化 Amplitude 库。除此之外，我们还在 amplitude.js 文件之后加载了自定义脚本文件 player.js，进而可访问第三方组件库公开的所有多媒体 API。

接下来下载一些音乐文件并对应用程序进行测试。

6.3.1 下载音乐文件

当开发和测试应用程序时，至少需要一个包含元数据（如作者、专辑名称和封面图像）的音乐文件。

这里将通过 Free Music Archive 网站获取一些文件和元数据。当然，读者也可使用自已的数据。

（1）访问 Free Music Archive 网站，对应网址为 http://freemusicarchive.org，如图 6.3
所示。

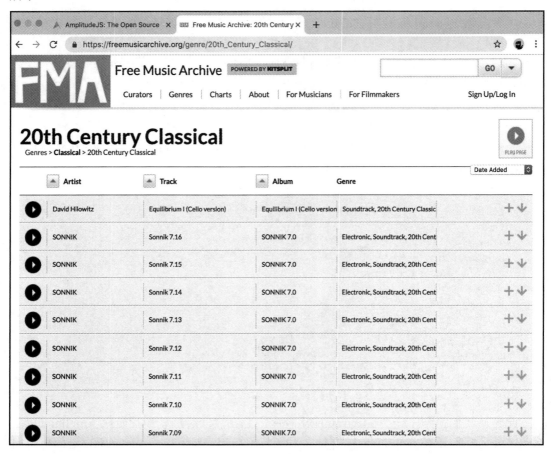

图 6.3

（2）在开始下载文件前创建一个 music 目录，以存储应用程序的所有多媒体文件。

（3）切换至 Terminal 窗口或 Command Prompt，并运行下列命令。

```
mkdir music
open .
```

上述命令创建一个名为 music 的文件夹，并打开 Finder 或 Explorer 以便可查看其内容。

（4）查找 Equilibrium I (Cello version) by David Hilowitz 文件，对应网址为 http://

freemusicarchive.org/music/David_Hilowitz/Equilibrium_I_Cello_version/，如图 6.4 所示。

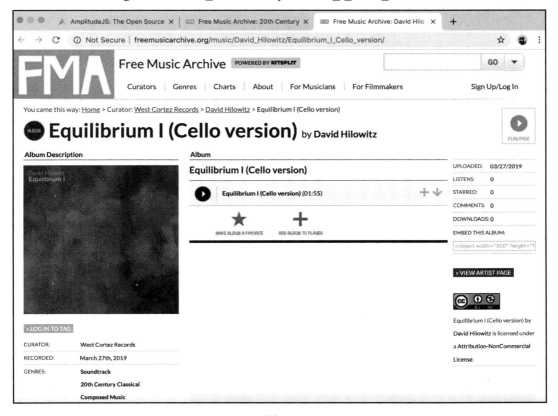

图 6.4

（5）下该音乐文件，对应的文件名为 David_Hilowitz_-_Equilibrium_I_Cello_
version.mp3。

（6）右击专辑图像并保存于本地，稍后会用到该文件。

注意：

读者可访问本书的 GitHub 存储库查看本章的音乐文件和完整的项目代码，对应网址
为 https://github.com/PacktPublishing/Electron- Projects/tree/master/Chapter06/music。

至此，我们创建了一个单独的文件夹，以便存储全部多媒体资源。此外还下载了相
应的音乐文件和用作专辑封面的图像。稍后将学习如何设置播放器组件，并播放检索到
的音乐文件。

6.3.2　基本的播放器设置

前述内容准备了一个文件夹结构，以及可供应用程序使用的一些文件。下面将学习如何初始化一个音乐播放器组件并播放我们所持有的声音文件。

当前，项目结构如图 6.5 所示。

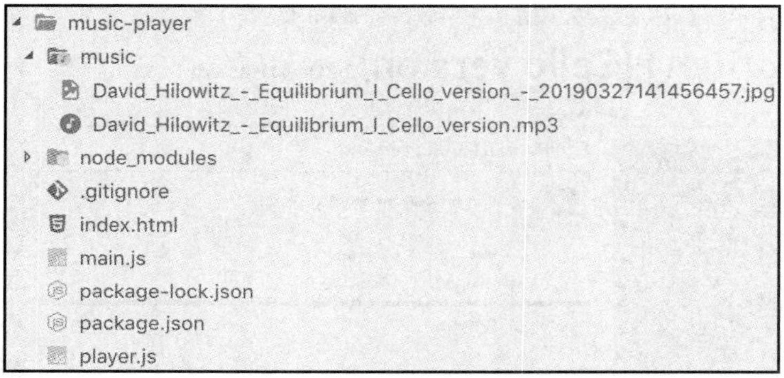

图 6.5

切换至 player.js 文件，通过调用包含配置对象的 Amplitude.init 方法配置一个新的播放器组件实例，如下所示。

```
Amplitude.init({
  songs: [
    {
      name: 'Equilibrium I (Cello version)',
      artist: 'David Hilowitz',
      album: 'Equilibrium I (Cello version)',
      url: './music/David_Hilowitz_-_Equilibrium_I_Cello_version.mp3',
      cover_art_url:
        './music/David_Hilowitz_-_Equilibrium_I_Cello_version-
          20190327141456457.jpg'
    }
  ]
});
```

上述代码使用了下列属性。

❑ songs：播放的歌曲列表。目前仅使用了一项内容。

❑ name：歌曲的名称。

❑ artist：歌曲的表演者或乐队。

❏ album：专辑名称。

❏ url：音乐内容链接。此处使用了本地路径，但也可指向远程 Web 地址。

❏ cover_art_url：专辑封面链接。类似于 url 属性，可指向本地或远程地址。

当构建音乐播放器应用程序时，上述内容表示为基本的元数据属性。此外，还可存储更为丰富的元数据内容，并在需要时加以使用。稍后将处理这一类问题。

本节将处理以下各方面内容。

❏ 使用 AmplitudeJS 元素。

❏ 实现全局播放按钮。

❏ 实现全局暂停按钮。

❏ 实现全局播放/暂停按钮。

下面将考查 AmplitudeJS 中的可用元素以及元素应用方式。

1．使用 AmplitudeJS 元素

AmplitudeJS 库不需要包含外部依赖项，以及强制型外观的用户界面，这可视为 AmplitudeJS 库的优点。然而，AmplitudeJS 依赖于前缀名为 amplitude- 的 CSS 类，并可以此添加任何 HTML 元素。此外，还可包含任意的元素嵌套结构，以及适配于应用程序主题的自定义视觉外观。

ⓘ **注意：**

读者可访问 https://521dimensions.com/open-source/amplitudejs/docs/elements/index.html 以查看可用的应用程序元素。

2．实现全局播放按钮

在将 HTML 元素转换为一个 Play 按钮时，需要使用 amplitude-play CSS 类，如下所示。

```
<span class="amplitude-play"></span>
```

可以看到，添加 amplitude-play 类可将一个元素转换为一个可单击的、启动音乐播放的对象。下面在应用程序中针对一个按钮元素使用该对象。

（1）在 index.html 文件中声明一个 button 按钮。

```
<!DOCTYPE html>
<html>
  <head>
    <meta charset="UTF-8" />
    <title>Music Player</title>
  </head>
  <body>
```

```
    <h1>Music Player</h1>
    <div>
      <button class="amplitude-play">Play</button>
    </div>
    <script
src="./node_modules/amplitudejs/dist/amplitude.js"></script>
    <script src="./player.js"></script>
  </body>
</html>
```

（2）在 Terminal 窗口或 Command Prompt 中，通过下列命令运行当前应用程序。

```
npm start
```

（3）在启动阶段，Music Player 下方包含一个 Play 按钮，如图 6.6 所示。

图 6.6

此时，单击 Play 按钮即可听到音乐。

除 Play 按钮外，目前尚未设置其他按钮，因此终止播放器的唯一方法是退出应用程序。稍后将解决这一问题。接下来将创建暂停音乐的 Pause 按钮。

3．实现全局暂停按钮

与全局 Play 按钮类似，可定义一个元素处理 Pause 功能。对此，可使用 amplitude-pause CSS 类。根据官方文档所述的内容，其应用格式如下。

```
<span class="amplitude-pause"></span>
```

我们可将任何可单击的元素或复杂 Web 组件转换为一个 Pause 按钮。出于简单考虑，我们将使用标准的 HTML button 元素。对此，根据下列代码更新 index.html 文件。

```
<!DOCTYPE html>
<html>
  <head>
```

```
    <meta charset="UTF-8" />
    <title>Music Player</title>
  </head>
  <body>
    <h1>Music Player</h1>
    <div>
      <button class="amplitude-play">Play</button>
      <button class="amplitude-pause">Pause</button>
    </div>
    <script src="./node_modules/amplitudejs/dist/amplitude.js"></script>
    <script src="./player.js"></script>
  </body>
</html>
```

此时，两个按钮被并列渲染出来，如图 6.7 所示。

图 6.7

随后，可通过 Pause 按钮暂停音乐播放，并通过 Play 按钮恢复播放或重新播放音乐。这里，要做的全部工作即设置 HTML button 元素的 CSS 类。

接下来将再次对按钮进行考查并改进用户体验。

4．实现全局播放/暂停按钮

在实际操作过程中，一般很少设置两个独立的播放按钮，通常使用单一按钮实现歌曲的播放和暂停操作。

AmplitudeJS 对此提供了支持。相应地，可使用 amplitude-play-pause 以使 HTML 元素切换播放行为，其效果等同于 Play 和 Pause 功能。

```
<span class="amplitude-play-pause"></span>
```

注释掉或移除 Play 和 Pause 按钮，并使用新的统一按钮，如下所示。

```
<!DOCTYPE html>
<html>
  <head>
    <meta charset="UTF-8" />
```

```
    <title>Music Player</title>
  </head>
  <body>
    <h1>Music Player</h1>
    <div>
      <button class="amplitude-play-pause">Play / Pause</button>
    </div>
    <script src="./node_modules/amplitudejs/dist/amplitude.js"></script>
    <script src="./player.js"></script>
  </body>
</html>
```

在讨论其他音乐控制之前，接下来讨论如何实现元素的样式化，以使其外观优于 HTML 样式。

6.3.3　样式按钮

本节将渲染 Play 和 Pause 状态的 SVG 图标，而不再使用 HTML 按钮。针对于此，最简单、快捷的资源获取方式是使用谷歌的 Material Icons 库。

Material Icons 是一个开源图标集合，并由谷歌创建和维护。读者可访问 https:// material.io/tools/icons 查找这些资源。

下面学习如何使用包含自定义样式和 SVG 图像的按钮，相关步骤如下。

（1）在项目的根目录中创建一个名为 images 的文件夹。下载 Play 和 Pause 按钮的 SVG 版本，并将其保存在 images 文件夹中。

（2）当前项目结构如图 6.8 所示。

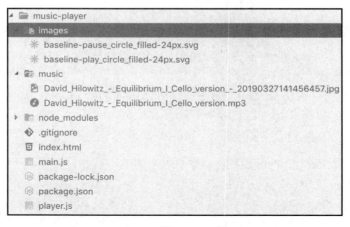

图 6.8

（3）利用 div 元素替换 index.html 文件中的 button 元素。考虑到使用基于图像的组件，因而这里不再需要 button 元素。更新 index.html 文件中的代码，并使用 div 元素，如下所示。

```html
<html>
  <head>
    <meta charset="UTF-8" />
    <title>Music Player</title>
    <link rel="stylesheet" href="player.css" />
  </head>
  <body>
    <h1>Music Player</h1>
    <div class="controls">
      <div class="amplitude-play-pause"></div>
    </div>
    <script src="./node_modules/amplitudejs/dist/amplitude.js">
    </script>
    <script src="./player.js"></script>
  </body>
</html>
```

（4）可以看到，我们还添加了 player.css 文件导入。针对播放器样式持有一个独立的文件是一种较好的做法，因而可在与 player.js 文件相同的目录中创建该文件，如下所示。

```css
.controls .amplitude-play-pause {
  width: 74px;
  height: 74px;
  cursor: pointer;
}

.controls .amplitude-play-pause.amplitude-paused {
  background: url('./images/baseline-play_circle_filled-24px.svg');
  background-size: cover;
}
```

对应按钮大小为 74×74 像素，同时还包含一个 pointer 图标以模拟按钮效果。

取决于播放器的状态，AmplitudeJS 中另一个有用的操作是绑定于 amplitude-元素上的 CSS 类。例如，当暂停播放时，元素将获取附加至其上的 amplitude-paused 类；当开始或恢复播放时，元素则获取附加至其上的 amplitude-playing 类。当需要获得不同的样式化按钮时，该类十分方便。

（5）当启动或重启应用程序时，Play 按钮如图 6.9 所示。

图 6.9

（6）针对 Playing 模式添加独立的样式。

```css
.controls .amplitude-play-pause {
  width: 74px;
  height: 74px;
  cursor: pointer;
}

.controls .amplitude-play-pause.amplitude-paused {
  background: url('./images/baseline-play_circle_filled-24px.svg');
  background-size: cover;
}

.controls .amplitude-play-pause.amplitude-playing {
  background: url('./images/baselinepause_
circle_filled-24px.svg');
  background-size: cover;
}
```

（7）此时，应用程序中的按钮将自动更改以反映播放状态，如图 6.10 所示。

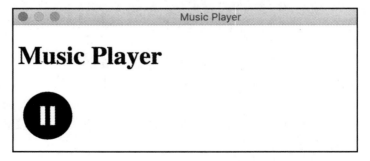

图 6.10

现在，我们对如何使用 Web 页面音乐控件已经有了一个基本的了解，其间添加了自定义样式的播放和暂停按钮，以及改进后的用户体验（将两个按钮合并为单一按钮）。

稍后将实现一个传统的按钮集以控制播放操作。

6.4　播放控制按钮

当前，音乐播放器应用程序包含了一个播放/暂停按钮，并可播放源自 Electron 应用程序中的歌曲。当然，单一按钮对于音乐播放器来说尚有欠缺。本节将实现传统的按钮集以控制音乐播放。

特别地，较好的用户体验应至少包含下列按钮。

❑　播放/暂停按钮。

❑　终止按钮。

❑　静音/非静音按钮。

❑　音量增加/降低按钮。

前述内容已经实现了 Play/Pause 按钮，下面考查 Stop 按钮。

6.4.1　Stop 按钮

目前，用户已具备开始播放和暂停播放功能，但尚无法终止和重置歌曲的进度，以便从开始处欣赏同一首歌曲。下面考查如何添加一个 Stop 按钮。

（1）利用下列 Amplitude CSS 类创建新的 Stop 按钮。

```
<span class="amplitude-stop"></span>
```

（2）从 Material Design Icons（https://material.io/tools/icons/?icon=stopstyle=baseline）处下载 stop 图标，并将其置于 images 文件夹中，正如我们之前所做的那样。

（3）随后更新 index.html 文件，并将包含对应类的 button 元素添加至 controls 元素中，用于保存所有的播放控件。

```
<!DOCTYPE html>
<html>
  <head>
    <meta charset="UTF-8" />
    <title>Music Player</title>
    <link rel="stylesheet" href="player.css" />
  </head>
```

```
  <body>
    <h1>Music Player</h1>

    <div class="controls">
      <div class="amplitude-play-pause"></div>
      <div class="amplitude-stop"></div>
    </div>

    <script
src="./node_modules/amplitudejs/dist/amplitude.js"></script>
      <script src="./player.js"></script>
  </body>
</html>
```

（4）返回 player.css 文件并针对.amplitude-stop 类提供新的样式，以便渲染按钮。

（5）将下列代码添加至样式表中：

```
.controls .amplitude-stop {
  width: 48px;
  height: 48px;
  cursor: pointer;
  display: inline-block;
  background: url('./images/baseline-stop-24px.svg');
  background-size: cover;
}
```

（6）重启应用程序或按下 Cmd+R（Ctrl+R）组合键重载当前窗口。此时，对应结果中包含了两个按钮，如图 6.11 所示。

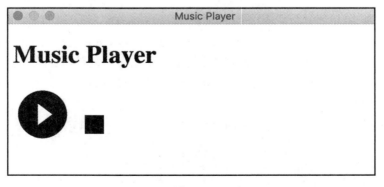

图 6.11

注意，单击 Stop 按钮时，Play/Pause 功能也将被更新。

在继续添加按钮之前，下面首先对 CSS 进行优化，以避免代码重复。

（1）创建独立样式，并处理.controls 父元素中的全部子 div 元素。

（2）在 player.css 文件中添加下列代码。

```css
.controls > div {
  width: 48px;
  height: 48px;
  cursor: pointer;
  display: inline-block;
}
```

（3）重构 player.css 文件，如下所示。

```css
.controls > div {
  width: 48px;
  height: 48px;
  cursor: pointer;
  display: inline-block;
}

.controls .amplitude-play-pause {
  width: 74px;
  height: 74px;
  cursor: pointer;
  display: inline-block;
}
```

可以看到，除 Play/Pause 按钮外（此处我们故意将其设置得较大），所有按钮的尺寸均为 48×48 像素。另外，全部按钮均包含相同的显示设置。

接下来讨论静音和非静音按钮。

6.4.2　静音和非静音按钮

与 Play/Pause 按钮类似，本节将引入 Mute/Unmute 按钮，以使用户可对音乐播放功能提供更多控制。

（1）从 Material Design Icons 网站下载下列图标。

❑　volume_mute（https://material.io/tools/icons/?icon=volume_mutestyle=baseline）。

❑　volume_off（https://material.io/tools/icons/?icon=volume_offstyle=baseline）。

（2）通过下列代码启用 HTML 元素的静音功能。

```html
<span class="amplitude-mute"></span>
```

（3）当单击元素且播放器呈现静音时，span 将得到二级类 amplitude-muted。另外，如果需要某些额外的样式，还可以使用 amplitude-not-muted，如下所示。

（1）更新 index.html 文件。

```html
<!DOCTYPE html>
<html>
  <head>
    <meta charset="UTF-8" />
    <title>Music Player</title>
    <link rel="stylesheet" href="player.css" />
  </head>
  <body>
    <h1>Music Player</h1>

    <div class="controls">
      <div class="amplitude-play-pause"></div>
      <div class="amplitude-stop"></div>
      <div class="amplitude-mute"></div>
    </div>

    <script src="./node_modules/amplitudejs/dist/amplitude.js">
    </script>
    <script src="./player.js"></script>
  </body>
</html>
```

（2）借助之前定义的所有基类，我们仅需向 player.css 文件添加下列内容。

```css
.controls .amplitude-mute {
  background: url('./images/baseline-volume_mute-24px.svg');
  background-size: cover;
}

.controls .amplitude-mute.amplitude-muted {
  background: url('./images/baseline-volume_off-24px.svg');
  background-size: cover;
}
```

（3）刷新窗口或重启应用程序以查看变化内容。随后，播放器应能够显示 3 个按钮，其中包含了刚刚创建的 Mute 按钮，如图 6.12 所示。

（4）单击 Play 按钮启动播放功能，随后单击 Mute 按钮，此时将无法听到任何声音。另外，该按钮还将更新其样式并显示静音图标，如图 6.13 所示。

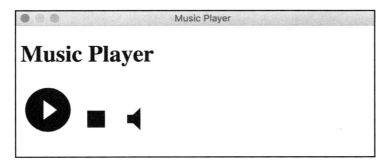

图 6.12

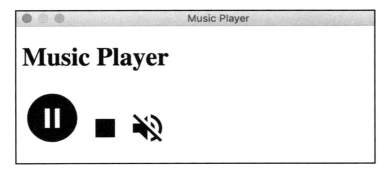

图 6.13

接下来介绍音量按钮，这些按钮允许用户对音量进行调试。

6.4.3　音量按钮

Amplitude 库提供了两个独立的 CSS 类，可将 HTML 元素转换为音量控件。例如，通过下列代码可创建 Volume Up 控件。

```
<span class="amplitude-volume-up"></span>
```

类似地，通过绑定下列代码，还可将任意元素转换为 Volume Down。

```
<span class="amplitude-volume-down"></span>
```

接下来添加按钮图像，如下所示。

（1）从 Google Material Icons 网站中获取下列图标。

❑　volume_down（https://material.io/tools/icons/?icon=volume_downstyle=baseline）。

❑　volume_up（https://material.io/tools/icons/?icon=volume_upstyle=baseline）。

（2）根据下列代码更新 controls 元素的内容。

```html
<div class="controls">
  <div class="amplitude-play-pause"></div>
  <div class="amplitude-stop"></div>
  <div class="amplitude-mute"></div>
  <div class="amplitude-volume-down"></div>
  <div class="amplitude-volume-up"></div>
</div>
```

类似于 Play 和 Mute 按钮，还需要针对每种状态定义独立的 CSS 样式。

（3）更新 player.css 文件并添加对应的代码。

```css
.controls .amplitude-volume-up {
  background: url('./images/baseline-volume_up-24px.svg');
  background-size: cover;
}

.controls .amplitude-volume-down {
  background: url('./images/baseline-volume_down-24px.svg');
  background-size: cover;
}
```

上述样式类基本相同，接收来自父元素规则的大多数设置项，同时仅向背景图像提供相应的路径。

（4）查看当前应用程序，其中包含了 5 个按钮，如图 6.14 所示。

图 6.14

注意，多次单击 Volume Down 按钮将触发 Mute 按钮，当音量达到 0 时即会更改按钮的状态。默认条件下，按钮的每次单击操作将增加或减少 5% 的音量。当初始化 Amplitude 对象时，还可修改该步进值，但用户可能会感受到异样的体验。

对此，我们可设置一个滑块（而非按钮），以使用户可快速地将音量更改为所需级别。

（1）AmplitudeJS 支持以下格式的范围。

```
<input type="range" class="amplitude-volume-slider"/>
```

（2）出于简单考虑，下面注释掉 Volume Up 和 Volume Down 按钮，并添加 input range 元素。

```
<div class="controls">
    <div class="amplitude-play-pause"></div>
    <div class="amplitude-stop"></div>
    <div class="amplitude-mute"></div>
    <!-- <div class="amplitude-volume-down"></div> -->
    <!-- <div class="amplitude-volume-up"></div> -->
    <input type="range" class="amplitude-volume-slider" />
</div>
```

（3）重启应用程序或重载主窗口。此时能够在 Mute 一侧看到一个表示范围的元素。默认状态下，滑块位于中间位置，对应级别为 50%，如图 6.15 所示。

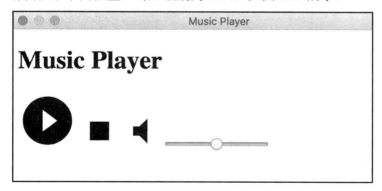

图 6.15

（4）另一项较为有用的功能是，其他元素也会对播放器的状态做出反应。这是因为 Amplitude 更新了所有相应的 CSS 类，浏览器将即刻对此做出反应。例如，一旦范围滑块到达 0，静音按钮将更改其状态，如图 6.16 所示。

截至目前，我们可启动和终止音乐的播放、重置其进程，甚至还可控制其音量。接下来将向用户显示歌曲的进度，并声明和使用 Progress Bar 元素，该元素将与 HTML 结合使用并由 Amplitude 库支持。

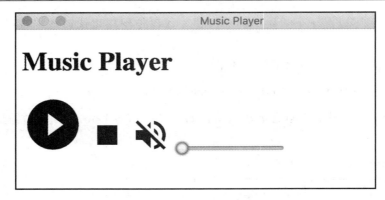

图 6.16

6.5　实现歌曲的进度栏

进度栏元素是用户界面中的传统音乐组件之一，通常用于显示歌曲的当前位置。本节将对 HTML progress 元素予以支持，并将其与 Amplitude 库连接。

在当前示例中，应使用 progress HTML 元素，如下列格式所示。

```
<progress class="amplitude-song-played-progress"></progress>
```

接下来创建独立的 div 以保存 progress 元素。出于简单考虑，此处将保留元素的样式，稍后可对其进一步美化。

（1）根据下列代码更新 index.html 文件。

```
<div class="controls">
  <div class="amplitude-play-pause"></div>
  <div class="amplitude-stop"></div>
  <div class="amplitude-mute"></div>
  <!-- <div class="amplitude-volume-down"></div> -->
  <!-- <div class="amplitude-volume-up"></div> -->
  <input type="range" class="amplitude-volume-slider" />
</div>


<div>
  <progress class="amplitude-song-played-progress"></progress>
</div>
```

（2）再次重启应用程序或通过 Cmd/Ctrl+R 组合键重载主窗口。

（3）启动播放功能并查看进度条元素，这将在歌曲播放时更改其值，如图 6.17 所示。

图 6.17

前述内容介绍了如何添加歌曲进度栏，下面将显示音乐的元数据。

6.6 显示音乐元数据

元数据是一类与播放歌曲相关的附加信息。元数据可以包含专辑名称、发表年份、评价和其他一些有用的信息块。

本节将讨论播放音乐文件时的下列元数据。

- ❑ 播放的时间。
- ❑ 剩余时间。
- ❑ 封面图像。
- ❑ 歌曲名称。
- ❑ 艺术家名称。

下面首先学习如何处理歌曲的元数据，其析取方式如下。

```
<span data-amplitude-song-info="<PROPERTY>"></span>
```

<PROPERTY>对应于歌曲对象的元数据属性之一，该对象在之前的 player.js 文件中加以定义。

```
Amplitude.init({
  songs: [
    {
      name: 'Equilibrium I (Cello version)',
      artist: 'David Hilowitz',
      album: 'Equilibrium I (Cello version)',
      url: './music/David_Hilowitz_-_Equilibrium_I_Cello_version.mp3',
```

```
    cover_art_url:
      './music/David_Hilowitz_-_Equilibrium_I_Cello_version_
        -_20190327141456457.jpg'
  }
 ]
});
```

这意味着，可使用下列类显示元数据中的 name 字段。

```
<span data-amplitude-song-info="name"></span>
```

除自定义字段外，Amplitude 还提供了一组与时间相关的元素集。

当显示播放（流逝）的时间时，可使用下列 CSS 类。

```
<span class="amplitude-current-minutes"></span>
```

这将生成分钟值，但对于更好的精确度，还可使用秒数值。

```
<span class="amplitude-current-seconds"></span>
```

与播放时间类似，还可进一步显示歌曲的全部时长（以分钟计算），如下所示。

```
<span class="amplitude-duration-minutes"></span>
```

此外，还需要通过下列格式显示秒数。

```
<span class="amplitude-duration-seconds"></span>
```

整合上述元素并显示时间值，对应步骤如下。

（1）更新 index.html 页面中的 body 元素，并向其中添加下列代码块。

```
<div>
 <span class="amplitude-current-minutes"></span>:
 <span class="amplitude-current-seconds"></span>
 <span class="amplitude-duration-minutes"></span>:
 <span class="amplitude-duration-seconds"></span>
</div>
```

（2）重启应用程序、启动播放功能并检查计时器值，可以看到，歌曲当前已播放至 00:11 秒，且歌曲的全部长度为 01:55 秒，如图 6.18 所示。

（3）接下来显示专辑的封面。Amplitude 允许我们将元数据值显示为 image 元素的源，这里所要做的就是声明一个 data-属性，如下所示。

```
<img data-amplitude-song-info="cover_art_url" />
```

图 6.18

（4）回忆一下，之前曾下载了封面图像，并在歌曲配置文件 player.js 中对其加以声明。图 6.19 显示了运行期的图像。

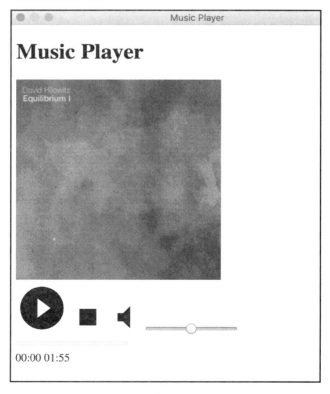

图 6.19

（5）在封面图像上方放置专辑的名称，如下所示。

```
<div>
  <span data-amplitude-song-info="album"></span>
</div>
```

（6）最终的 HTML 标记如下。

```html
<!DOCTYPE html>
<html>
  <head>
    <meta charset="UTF-8" />
    <title>Music Player</title>
    <link rel="stylesheet" href="player.css" />
  </head>
  <body>
    <h1>Music Player</h1>

    <div>
      <span data-amplitude-song-info="album"></span>
    </div>

    <img data-amplitude-song-info="cover_art_url" />

    <div>
      <span data-amplitude-song-info="name"></span>
      by
      <span data-amplitude-song-info="artist"></span>
    </div>

    <div class="controls">
      <div class="amplitude-play-pause"></div>
      <div class="amplitude-stop"></div>
      <div class="amplitude-mute"></div>
      <input type="range" class="amplitude-volume-slider" />
    </div>

    <div>
      <progress class="amplitude-song-played-progress"></progress>
    </div>

    <div>
      <span class="amplitude-current-minutes"></span>:<span
        class="amplitude-current-seconds"
```

```
></span>
<span class="amplitude-duration-minutes"></span>:<span
  class="amplitude-duration-seconds"
></span>
</div>

<script src="./node_modules/amplitudejs/dist/amplitude.js">
</script>
<script src="./player.js"></script>
</body>
</html>
```

（7）图 6.20 显示了简单模式下的音乐播放器。

图 6.20

除此之外，还可享对其应用程序加入更多特性。接下来将进一步改善应用程序界面。

6.7　改进用户界面

前述内容实现了简单的用户界面以及一组播放控件和可视化组件，本节将再次考查应用程序的外观。

本节将进一步改善用户界面，以使其对用户更具吸引力。

首先修改播放器的默认尺寸。读者可能已经注意到，在当前格式中，播放器占据较少的空间。

（1）切换至 main.js 文件并将播放器尺寸设置为 480×500 像素，如下所示。

```
const { app, BrowserWindow } = require('electron');

function createWindow() {
  const win = new BrowserWindow({
    width: 480,
    height: 500,
    webPreferences: {
      nodeIntegration: true
    },
    resizable: false
  });

  win.loadFile('index.html');
}

app.on('ready', createWindow);
```

（2）从 Music Player 标签中移除 h1 元素。接下来调整封面图像。

（3）在 player.css 样式表中声明一个新的 cover-image 类，并使用下列规则集以使图像完美适配于可用空间。

```
.cover-image {
  object-fit: contain;
  width: 100%;
  height: 100%;
  max-height: 300px;
}
```

更新 index.html 文件后，样式表即可工作，并将其赋予保存专辑封面的 img 元素中。

（4）添加 cover-image 类，如下所示。

```
<img class="cover-image" data-amplitude-song-info="cover_art_url"
/>
```

（5）通过 song-progress-container CSS 类将所有与时间相关的元素封装至 div 元素中，并按照下列方式更新代码。

```
<div class="song-progress-container">
    <div>
      <span class="amplitude-current-minutes"></span>:<span
        class="amplitude-current-seconds"
      ></span>
    </div>

    <progress class="amplitude-song-played-progress"></progress>

    <div>
      <span class="amplitude-duration-minutes"></span>:<span
        class="amplitude-duration-seconds"
      ></span>
    </div>
  </div>
```

（6）将下列样式添加至 player.css 文件中。

```
div.song-progress-container {
  display: grid;
  grid-template-columns: 1fr 10fr 1fr;
}

progress.amplitude-song-played-progress {
  width: 100%;
}
```

（7）使用 song-infocontainer 类收集 div 包含的所有元数据字段，进而向其中的全部字段应用相关样式。

```
<div class="song-info-container">
  <div data-amplitude-song-info="name"></div>
  <div data-amplitude-song-info="album"></div>
  <div data-amplitude-song-info="artist"></div>
</div>
```

（8）将 song-info-container 样式实现添加至 player.css 文件中。

（9）将文本置于水平中心位置。

```
.song-info-container {
  text-align: center;
}
```

（10）图 6.21 显示了当前的音乐播放器外观。

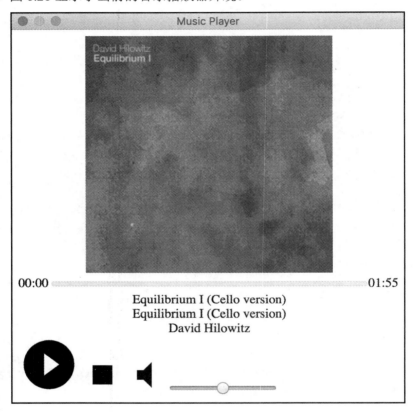

图 6.21

接下来重点讨论已实现的特性，并加入更多的功能。读者可访问 https://521dimensions.com/open-source/amplitudejs/docs 参考 AmplitudeJS 文档并查看所有可用的 CSS 元素。

稍后将考查应用程序的最终结构。

6.8　最终的结构

当前，音乐播放器具有较好的外观且基于 Electron 和 Amplitude 库。本节将考查最终的代码状态，并验证代码是否可正常工作。

如果布局稍有不同，或者缺少了某个步骤，可参考下列 index.html 文件。

```html
<!DOCTYPE html>
<html>
  <head>
    <meta charset="UTF-8" />
    <title>Music Player</title>
    <link rel="stylesheet" href="player.css" />
  </head>
  <body>
    <img class="cover-image" data-amplitude-song-info="cover_art_url" />

    <div class="song-progress-container">
      <div>
        <span class="amplitude-current-minutes"></span>:<span
          class="amplitude-current-seconds"
        ></span>
      </div>

      <progress class="amplitude-song-played-progress"></progress>

      <div>
        <span class="amplitude-duration-minutes"></span>:<span
          class="amplitude-duration-seconds"
        ></span>
      </div>
    </div>

    <div class="song-info-container">
      <div data-amplitude-song-info="name"></div>
      <div data-amplitude-song-info="album"></div>
      <div data-amplitude-song-info="artist"></div>
    </div>

    <div class="controls">
      <div class="amplitude-play-pause"></div>
      <div class="amplitude-stop"></div>
      <div class="amplitude-mute"></div>
      <input type="range" class="amplitude-volume-slider" />
    </div>
    <script src="./node_modules/amplitudejs/dist/amplitude.js"></script>
    <script src="./player.js"></script>
```

```
    </body>
</html>
```

player.css 文件中完整的 CSS 类实现如下。

```css
.cover-image {
  object-fit: contain;
  width: 100%;
  height: 100%;
  max-height: 300px;
}

div.song-progress-container {
  display: grid;
  grid-template-columns: 1fr 10fr 1fr;
  grid-gap: 10px;
}

progress.amplitude-song-played-progress {
  width: 100%;
}

.song-info-container {
  text-align: center;
}

.controls > div {
  width: 48px;
  height: 48px;
  cursor: pointer;
  display: inline-block;
}

.controls .amplitude-play-pause {
  width: 74px;
  height: 74px;
  cursor: pointer;
  display: inline-block;
}

.controls .amplitude-play-pause.amplitude-paused {
  background: url('./images/baseline-play_circle_filled-24px.svg');
  background-size: cover;
```

```
}

.controls .amplitude-play-pause.amplitude-playing {
  background: url('./images/baseline-pause_circle_filled-24px.svg');
  background-size: cover;
}

.controls .amplitude-stop {
  background: url('./images/baseline-stop-24px.svg');
  background-size: cover;
}

.controls .amplitude-mute {
  background: url('./images/baseline-volume_mute-24px.svg');
  background-size: cover;
}

.controls .amplitude-mute.amplitude-muted {
  background: url('./images/baseline-volume_off-24px.svg');
  background-size: cover;
}

.controls .amplitude-volume-up {
  background: url('./images/baseline-volume_up-24px.svg');
  background-size: cover;
}

.controls .amplitude-volume-down {
  background: url('./images/baseline-volume_down-24px.svg');
  background-size: cover;
}
```

可以看到，使播放器处于工作状态不需要太多代码，主要涉及一些 HTML 元素和一组 CSS 样式，以便将其与 Amplitude 进行连接，或进一步改善其外观。

目前，音乐播放器仍具有改进的空间。例如，可尝试在不同的歌曲间切换、支持播放列表、从在线资源中获取专辑封面，等等。

6.9　本 章 小 结

本章讨论了如何借助 Electron 框架和 AmplitudeJS 库构建小型的跨平台音乐播放器。

其间涉及构建音乐应用程序、显示元数据以及处理专辑封面。此外，我们还学习了Web 组件的样式化方式，进而添加了音乐播放按钮。

至此，我们已经了解了如何利用第三方库支持的多媒体组件构建新的 Electron 应用程序。此外，我们还创建了基于 CSS 类名的用户界面，并运行外部库将 HTML 元素转换为音乐播放组件或可视化组件。

本章还使用了第三方库播放声音文件，并方便地构建用户界面。随后，我们通过专辑封面和元数据创建了歌曲条目，并成功地在屏幕上显示图像和歌曲消息。

关于如何进一步扩展 Electron 音乐播放器，本章也提供了诸多理念。

桌面应用程序生命周期中另一个重要部分是分析过程，特别是 Bug 追踪和用户反馈信息。第 7 章将学习如何将实时分析集成至 Electron 应用程序中。

第7章 分析、Bug 跟踪和许可机制

本章包含了较为丰富的内容。对于打算监测生产阶段的 Electron 程序的开发人员来说，本章提供了一些较为重要的信息，包括跟踪错误和崩溃行为、分析实时用户等。本章我们将学习如何集成第三方分析服务、呈现自定义事件，并将 Electron 应用程序与许可检查进行连接。此外，我们还将讨论如何在主要的桌面平台间向应用程序的安装副本发送通知。

在阅读完本章后，Electron 项目将与跟踪机制集成；此外还将出于展示目的生成某些统计和跟踪信息。作为本章练习，读者将尝试与第三方服务集成，并获取 Nucleus 服务订阅（首个月免费），以便收集和查看分析数据。

本章主要涉及以下主题。

- ❑ 理解分析和跟踪机制。
- ❑ 创建自己的方案或使用现有服务。
- ❑ 针对 Electron 应用程序使用 Nucleus。
- ❑ 创建新的 Nucleus 账户。
- ❑ 创建基于跟踪支持的新项目。
- ❑ 安装 Nucleus Electron 库。
- ❑ 查看实时分析数据。
- ❑ 禁用每个用户请求的跟踪机制。
- ❑ 验证实时用户统计数据。
- ❑ 支持离线模式。
- ❑ 处理应用程序更新问题。
- ❑ 加载全局服务器设置。
- ❑ 许可检查和政策。

7.1 技 术 需 求

在开始本章内容之前，读者需要配置一台运行 macOS、Windows 或 Linux 的笔记本电脑或桌面电脑。

本章需要安装下列软件。

❑　Git 版本控制系统。

❑　基于 NPM 的 Node.js。

❑　免费、开源的代码编辑器 Visual Studio Code。

读者可访问 GitHub 存储库查看本章的代码文件，对应网址为 https://github.com/
PacktPublishing/Electron-Projects/tree/master/Chapter07。

7.2　连接分析和跟踪机制

当发布了 Electron 应用程序的第 1 个版本后，我们还需要收集与客户使用情况相关
的统计信息，并改进产品，进而提高应用程序的下载量或销量（对于产品级应用程序）。
相关应用示例如下。

❑　改进版本和销售。假设根据统计信息，大多数用户源自 macOS 环境。那么，我
们可以提供更多的 macOS 集成，或者提升对其他平台的支持。这种改进方案同
样适用于销售或下载量较低的地区，如可以改进这些地区的广告投放策略。

❑　改进产品质量。成功的应用程序一般都包含 Bug 跟踪系统。当出现 Bug 时，终
端用户往往无法提出技术方面的细节信息。因此，当向公众发布一个新的应用
程序版本后，通常我们会查看错误方面的详细信息，以及受到该错误影响的系
统数量。

❑　许可管理。跟踪应用程序许可是产品生命周期内另一项较为重要的任务，如需
要在分析统计信息的同时收集证书的销售数量。这对应用程序销售、不同的功
能层或插件（可单独购买）销售来说十分有用。

接下来，我们将讨论是否应该开始构建自己的分析和跟踪解决方案，抑或使用现有
的服务。除此之外，我们还将学习如何使用 Nucleus（https://nucleus.sh/），进而针对 Electron
应用程序集成分析、Bug 跟踪机制和许可管理。

7.3　构建自身方案或使用已有服务

在开发初始阶段，我们就应该思考如何使用分析和 Bug 跟踪机制，以便更好地适配
于代码和应用程序架构。

在大多数时候，仅需调用特定的函数或 API 通知与事件相关的服务，如应用程序加
载、身份验证失败或代码中的错误。

这里的问题是，是否需要亲自构建分析特性，抑或在早期阶段使用现有的方案。接

下来将分别考查以下内容的优、缺点。

- ❑　创建并使用自己的分析服务。
- ❑　是由第三方提供的现有服务。

7.3.1　创建自己的分析服务

在应用程序开发的早期阶段，我们可能打算从头构建一个完整的分析服务，需要注意的是，这将是一个十分耗时的过程，且需要付出大量的努力。

构建自己的分析服务具有下列优点。

- ❑　对数据实现完整的控制。
- ❑　控制 API 和服务。
- ❑　拥有后端服务器的所有权。

构建自己的分析服务具有下列缺点。

- ❑　需要维护数据库。
- ❑　需要亲自负责数据的安全。
- ❑　需要维护后端服务器。
- ❑　需要支持在线有效性。

可以看到，完整的解决方案需要肩负重大责任，包括存储和保护数据，以及投资硬件和后端服务器的托管服务。

7.3.2　使用第三方分析服务

现在已经有很多不同的分析服务，我们可通过合理的订阅价格复用这些服务。下面分别列出了它们的优、缺点。

第三方分析服务包含以下优点。

- ❑　无须维护硬件。
- ❑　数据库由供应商维护。
- ❑　安全问题由供应商维护。
- ❑　具备在线可用性和扩展能力。

第三方分析服务包含以下缺点。

- ❑　数据仅可外部存储。
- ❑　应用程序依赖于供应商服务的有效性。
- ❑　有限的报告和特征集。
- ❑　价格缺乏稳定性。

在早期阶段使用第三方分析可节省大量的时间、人力和财力，并将注意力集中于应用程序的业务方面。

随着应用程序安装数量开始增长，我们需要一种具有专门支持和基于良好开发团队的自我解决方案。对此，强烈推荐采用第三方服务。

在讨论了第三方服务的优、缺点后，下面学习如何使用这一类服务。稍后将把 Nucleus 集成至 Electron 应用程序中。

7.4　针对 Electron 应用程序使用 Nucleus

Nucleus 是一个针对 Electron 应用程序的分析平台，并可在此基础上安装额外的库，进而从应用程序代码中产生跟踪事件。Nucleus 整合了来自所有客户端实例的信息、处理数据并将其存储至自己的服务器中。据此，我们可访问报告、查看统计数据，甚至可向处于运行状态的客户端发送通知，如图 7.1 所示。

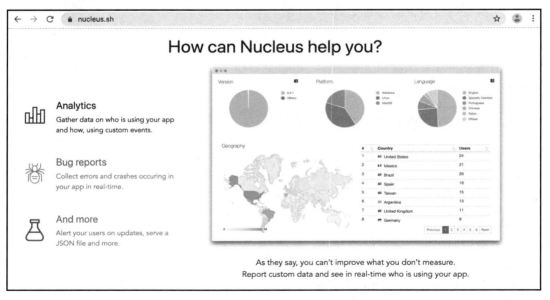

图 7.1

这里，存在一组浏览器特征集可供应用程序收集，并发送至分析服务中。此外，相关内容也可以是人员验证失败信息，这仍然有助于改进我们的项目。根据官方文档所描述的内容，服务将从每个客户端收集下列信息。

- ❑　请求的时间。
- ❑　机器的哈希标识符（无法用于识别 Nucleus 上下文之外的用户）。
- ❑　浏览器的地区（语言）。
- ❑　请求来自的国家（源自 Cloudflare）。
- ❑　操作系统家族（Mac、Windows 或 Linux）。
- ❑　操作系统版本。
- ❑　应用程序的版本。
- ❑　Nucleus 模块的版本。
- ❑　设备上可用的 RAM。

未收集的信息如下。

- ❑　IP 地址。
- ❑　用户的 Chromium 浏览器用户代理。
- ❑　请求的城市或地区。
- ❑　屏幕分辨率。

💡 提示：

读者可查看官方发布的报告，以了解变化内容和更新结果，对应网址为 https://nucleus.sh/transparency。

Nucleus 是一个订阅项目，因而需要注册一个账号才可使用其中的各项特性。出于测试目的，此处将创建一个包含 30 天试用期的账户。

7.5　创建一个新的 Nucleus 账户

本节将考查账户注册过程，相关步骤如下。

（1）单击主页上的 SIGN UP 按钮，或者访问 https://nucleus.sh/signup，如图 7.2 所示。

其中包含两个选项，用户可提供电子邮件地址和密码创建一个新账户，或者利用已有的 GitHub 账户。

ℹ️ 注意：

GitHub 验证行为类似于其他一些较为流行的社交网站注册过程，包括 Facebook、Twitter 和 Google。通过 GitHub 认证，系统将使用 GitHub 账户关联的电子邮件地址。其间不涉及密码，因为认证后的 GitHub 会话将作为验证的证据。

图 7.2

（2）选择一个选项并注册一个新账户，稍后将收到一封电子邮件。图 7.3 显示了笔者 Gmail 邮箱中的确认信件。

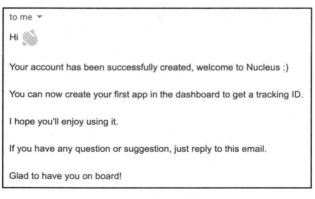

图 7.3

（3）在 SIGN UP 中可以看到一个订阅列表，用户可按需进行选择。其中，每一项内容均包含 30 天的试用期，此处推荐选择 Hobby 项。另外，用户还可选择取消订阅或继续使用订阅。图 7.4 显示了各项订阅内容。

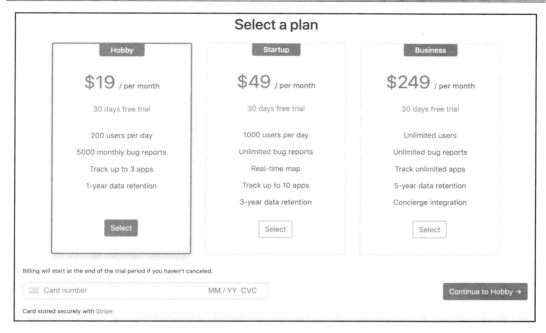

图 7.4

（4）登录后即可看到一个 Account 页面和一个对话框，这表明我们已经创建了第 1 个应用程序，并以此获取应用程序中唯一的跟踪 ID。

（5）注册表单的内容较为简单，填写时可使用如图 7.5 所示的默认信息并单击 Create 按钮。

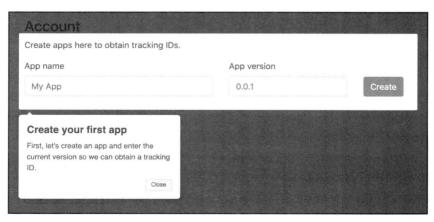

图 7.5

（6）应用程序的分析页面尚不包含任何数据。图 7.6 显示了利用跟踪 ID 号配置的 Electron 应用程序信息。

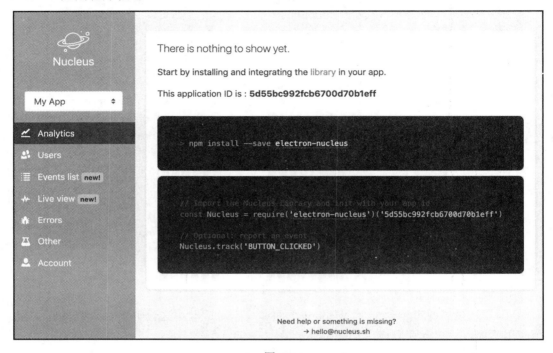

图 7.6

至此，我们已经成功地创建了一个 Nucleus 账号，并拥有 30 天的试用期熟悉其中的各项功能，进而决定继续订阅或者是使用自己的解决方案。

在 Nucleus 中，分析行为是针对项目这一概念而言的。这里，项目实际上是一个可发送分析数据的单一应用程序。相应地，每个账户可持有多个项目。

接下来将创建一个新的、基于跟踪支持的 Electron 项目。

7.6　创建基于跟踪支持的新项目

下面将设置一个名为 analytics-tracking 的新项目。

（1）创建新的文件夹并存储全部项目文件。

```
mkdir analytics-tracking
cd analytics-tracking
```

（2）利用下列命令执行快速的存储库设置。

```
npm init -y
echo node_modules > .gitignore
npm i -D electron
```

（3）将 index.html 文件置于主模板所处的项目根文件夹中。

```
<!DOCTYPE html>
<html>
  <head>
    <meta charset="UTF-8"/>
    <title>Electron Analytics</title>
  </head>
  <body>
  </body>
</html>
```

（4）在项目根目录下创建一个 main.js 文件，其中包含一组关于如何创建一个新的 Electron 窗口的简要说明。

```
const { app, BrowserWindow } = require('electron');

function createWindow() {
  const win = new BrowserWindow({
    width: 800,
    height: 600,
    webPreferences: {
      nodeIntegration: true
    },
    resizable: false
  });

  win.loadFile('index.html');
}

app.on('ready', createWindow);
```

注意：

出于简单考虑，此处使用大小为 800×600 像素的固定窗口，且默认条件下支持 Node.js 集成。必要时，还可向代码中添加其他设置项。

（5）更新 package.json 文件。

```
{
  "name": "analytics-tracking",
  "version": "1.0.0",
  "description": "",
  "main": "main.js",
  "scripts": {
    "start": "electron ."
  },
  "keywords": [],
  "author": "",
  "license": "ISC",
  "devDependencies": {
    "electron": "^7.1.1"
  }
}
```

（6）至此，我们得到了 Electron 项目的基本设置，并可准备执行分析过程和跟踪集成。运行下列命令并检查一切是否按照期望的方式运行。

```
npm start
```

（7）此时可看到一个标题为 Electron Analytics 的空的 Electron 窗口，如图 7.7 所示。

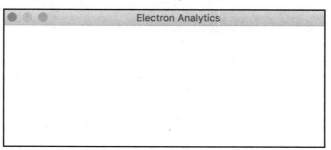

图 7.7

这也是当前所期望的结果。

目前，我们得到了一个用于分析测试的基础应用程序项目，我们可复制当前配置信息，并将其用作模板供后续操作使用。接下来将把 Nucleus 库集成至当前项目中。

7.7　安装 Nucleus Electron 库

由于全部所需的 API 均作为单一的 Node.js 库发布，因而 Nucleus 的配置过程较为简单。对此，可执行下列步骤安装 Nucleus 库。

（1）在项目的根文件夹中，运行下列命令在 NPM 中安装 electron-nucleus 库。

```
npm i electron-nucleus
```

（2）当集成 Nucleus 库时，需要使用之前从 Nucleus 网站获取的跟踪 ID 号。获取跟踪 ID 号所需的全部工作是运行 main.js 文件中的下列代码。

```
const Nucleus = require('electron-nucleus')('Your App ID', {
  onlyMainProcess: true
});
```

除此之外，还可按照下列方式生成自定义跟踪时间。

```
Nucleus.track(<NAME>, <DATA>);
```

其中，NAME 表示事件名称，该名称可以是检查分析结果时具有一定意义的相关内容。DATA 表示可选的 JSON 对象，可用于传递与事件相关的细节信息，此类信息可以是错误信息或跟踪信息。

（3）根据下列代码更新 main.js 文件。

```
const { app, BrowserWindow } = require('electron');

const Nucleus = require('electron-nucleus')('Your App ID', {
  onlyMainProcess: true
});

function createWindow() {
  const win = new BrowserWindow({
    width: 800,
    height: 600,
    webPreferences: {
      nodeIntegration: true
    },
    resizable: false
  });

  win.loadFile('index.html');

  // Optional: report an event
  Nucleus.track('APP_LAUNCHED');
}

app.on('ready', createWindow);
```

提示：

用户需要使用自己的跟踪 ID，而非示例中的跟踪 ID。用户可通过在线方式查找自己的跟踪 ID。

注意，除了安装 Nucleus 库，还可在 createWindow 函数中生成 APP_LAUNCHED 事件。每次启动应用程序时将调用该事件；另外，关于如何在应用程序中使用自定义事件，也可视为一个简单的示例。稍后将讨论其工作方式。

（4）运行下列命令测试应用程序。

```
npm start
```

随后会看到一个包含 Electron Analytics 标题的空 Electron 窗口，此时，应用程序将向 Nucleus 服务器发送跟踪数据。

目前，我们得到一个安装了 Nucleus 库的 Electron 应用程序，每次应用程序启动时，Nucleus 库将向服务器发送一个通知；此外还将发送一个名为 APP_LAUNCHED 的附加事件，以便可查看默认和自定义的事件。

稍后将讨论实际操作过程中的分析数据。

7.8　查看实时分析数据

当前，Electron 应用程序处于正常运行状态，因而可查看实时数据。

（1）访问 Nucleus 账户，并选择之前创建的应用程序。

注意：

如果仅包含一个应用程序，那么该程序将在下一次登录时自动显示。

（2）首先看到的是实时用户统计数据，如图 7.8 所示。

可以看到，对应服务反映了当前处于运行状态的应用程序，并在图中显示了一个实时用户。

上述分析结果提供了下列信息。

❑　实时用户的数量。
❑　最近 24 小时内使用应用程序的用户数量。
❑　最近 24 小时内使用应用程序的新用户的数量。
❑　最近 24 小时内打开会话的数量（用户多次启动应用程序）。
❑　最近 24 小时内应用程序产生的错误数量。

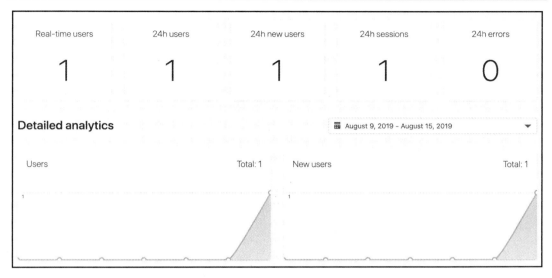

图 7.8

（3）查看详细的分析结果。随着时间的推移，将能够看到现有用户和新用户之间的比较图表。另外，该服务还可选择不同的时间范围。

（4）在详细的分析结果信息下方是应用程序实例产生的事件，如图 7.9 所示。

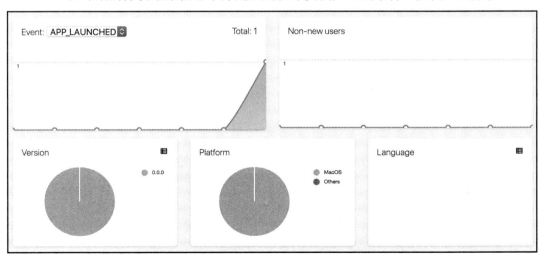

图 7.9

可以看到，服务中已经包含了与代码中生成的 APP_LAUNCHED 事件相关的数据。

此处我们可检查所有类型的时间，以及一段时间内的调用图。

其他可供查看的信息如下。

❑　应用程序的版本（当以调试模式运行时，应用程序的版本通常为 0.0.0，这可以从应用程序属性中进行检测）。

❑　平台。不难发现，当前正在使用 macOS 运行示例。

❑　应用程序用户使用的系统语言（这有助于检测是否需要本地化用户界面）。

（5）注意，还可对应用程序的版本和语言提供自定义值，以防止 Nucleus 无法对其进行自动监测，或者需要使用自定义机制检测和跟踪数据。当在 main.js 文件中创建新的 Nucleus 实例时，可能需要传递这些自定义选项。

```
const Nucleus = require("electron-nucleus")("<App Id>", {
  version: '1.0.0',
  language: 'en'
});
```

（6）其他具有一定价值的应用还包括地理位置和时间应用，如图 7.10 所示。

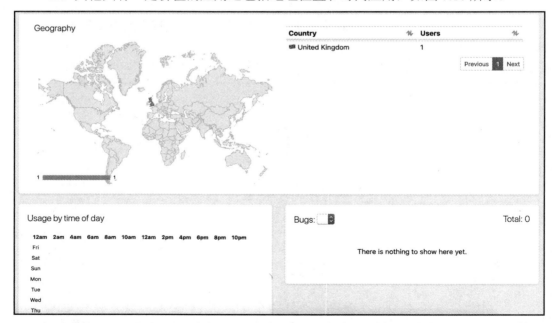

图 7.10

Nucleus 提供了具有较好外观的图表，并针对应用程序用户显示全部国家，包括用户群的概览，以及应用程序的流行范围。

（7）向下滚动鼠标，还可看到下列图表集。

❑　Sessions。

❑　RAM Available。

❑　Server usage (all events)。

❑　Events use。

上述图表集如图 7.11 所示。

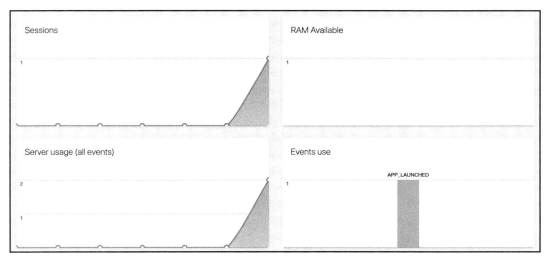

图 7.11

某一时刻，我们可能会看到所有处于工作状态下的图表，尤其是 RAM Available，该图表有助于监测用户机器上的内存泄漏或 RAM 泄漏。

（8）此外，还存在一个 Live View 图表的 beta 版本，如图 7.12 所示。

图 7.12 显示了应用程序用户在地图上的分布以及用户信息，包括下列内容。

❑　Country（国家）。

❑　Language（语言）。

❑　Platform（平台）。

❑　User ID（用户 ID）。

可以看到，当前，一名来自英国（United Kingdom）的用户正在使用应用程序，该程序运行于 macOS Mojave 操作系统上，且未提供专有的用户 ID。

必要时，Nucleus 服务还可识别用户。当与分析数据协同工作时，我们可能需要了解用户或机器的信息。

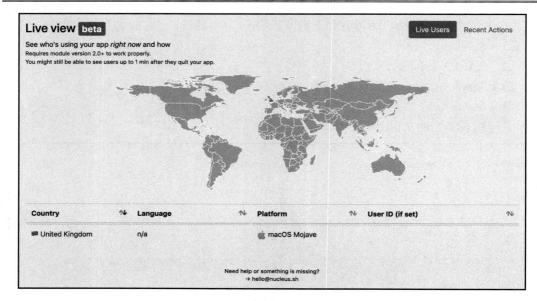

图 7.12

当创建新的 Nucleus 对象实例时可执行此类操作，如下所示。

```
const Nucleus = require("electron-nucleus")("<App Id>", {
  userId: '<unique-identifier>'
});
```

在上述代码中，<unique-identifier>表示应用程序首次运行时生成的值，如 GUID。另外，也可以让用户来提供，如登录地址或电子邮件地址。

除此之外，如果事前并不知晓该值，还可在运行期指定用户 ID。当前示例使用下列代码。

```
Nucleus.setUserId('<unique-identifier>')
```

不难发现，我们可以访问各种非常有用的图表和分析功能。关于项目的开展和维护，丰富的可视化信息有助于我们制定正确的决策。

在某些情况下，用户也可以选择不被跟踪。接下来将考查如何以编程方式切换跟踪特性。

7.9　禁用每个用户请求的跟踪机制

许多国家的法律规定，在启用跟踪机制之前应获得用户的同意。

在应用程序首次运行时应显示一个对话框，并询问用户是否需要接收某些匿名反馈信息，以帮助改进服务。如果用户拒绝了此类反馈选项，则应在应用程序级别禁用 Nucleus 集成。

Nucleus 库提供了特定的 API，以使开发人员可开启/关闭跟踪特性。如果用户通过用户界面显式地禁用了匿名反馈信息，则可使用下列代码。

```
Nucleus.disableTracking()
```

我们可将用户的确定作为标记保存于配置文件中，并在应用程序启动时运行代码。

取决于具体环境，当应用程序更新时，也需要询问用户是否希望启用或禁用跟踪机制。如果用户决定启用自动反馈功能，则可通过下列函数再次启用 Nucleus 集成。

```
Nucleus.enableTracking()
```

除此之外，当在应用程序启动时创建新的 Nucleus 对象实例时，还可设置 disableTracking 标志，如下所示。

```
const Nucleus = require("electron-nucleus")("<App Id>", {
  disableTracking: false
});
```

当前，Electron 应用程序仍于后台运行。接下来考查关闭应用程序时分析数据所产生的结果。

7.10　验证实时用户统计结果

本节将验证实时用户统计结果是否获得实时更新。

（1）关闭 Electron 应用程序并稍作等待。后端服务器需要花费一些时间组织数据。

（2）切换回 Analytics 选项卡并重新加载页面，随后即可看到更新后的数据。在当前示例中，Real-time users 图标将显示 0，如图 7.13 所示。

由于刚刚卸载了应用程序，因而图中内容十分有意义。注意，当前会话仍出现于其他图表中，包括如下内容。

❑　最近 24 小时用户：1。
❑　最近 24 小时的新用户：1。
❑　最近 24 小时的会话：1。

当前，我们可跟踪 Electron 应用程序的实时应用。然而，在某些情况下，用户可能处于离线状态，或者无法与互联网连接，对此，稍后将讨论对离线模式的支持。

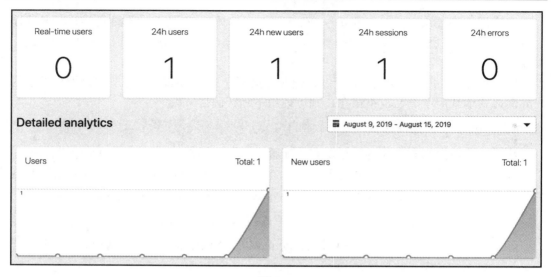

图 7.13

7.11　支持离线模式

默认状态下，Nucleus 库期望用户持有互联网连接以发送跟踪事件。但是，如果用户以离线方式运行应用程序（如读者在乘坐飞机或地铁时），情况又当如何？

对此，较好的一面是，针对启用了 Nucleus 的 Electron 应用程序，可开启离线支持，进而以本地方式存储应用程序事件并支持磁盘缓存，并且一旦应用程序重新上线，可将其发送至分析服务器中。

相应地，可使用 persist 属性启用或禁用事件缓存。

```
const Nucleus = require("electron-nucleus")("<App Id>", {
  persist: true
});
```

可以看到，当采用 Nucleus 库时，针对应用程序分析，启动离线模式支持十分简单。接下来将学习如何以集中方式处理应用程序更新。

7.12　处理应用程序更新

当前，Nucleus 账户中至少应存在一个包含跟踪 ID 的应用程序。

本章将介绍一个名为 My App 的应用程序，对应版本为 0.0.1，如图 7.14 所示。

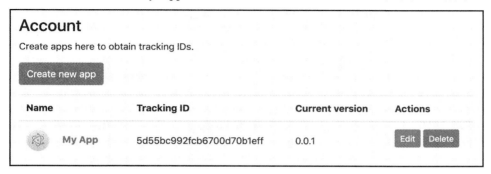

图 7.14

应用程序应可跟踪版本变化，并在每次出现更新时执行特定的代码片段。

这里，对应的 API 包含下列格式。

```
Nucleus.onUpdate = version => {
    // do something with the vesion
}
```

出于简单考虑，下面将在每次版本更新时生成一条标准的 JavaScript 警告信息。

（1）根据下列代码更新 main.js 文件。

```
const { app, BrowserWindow } = require('electron');

const Nucleus = require('electron-nucleus')('Your App ID', {
  onlyMainProcess: true,
  version:'0.0.1'
});

function createWindow() {
  const win = new BrowserWindow({
    width: 800,
    height: 600,
    webPreferences: {
      nodeIntegration: true
    },
    resizable: false
  });

  win.loadFile('index.html');
```

```
// Optional: report an event
Nucleus.track('APP_LAUNCHED');

Nucleus.onUpdate = version => {
  win.webContents.executeJavaScript('
    alert('There is a new version available: ${version}');
  ');
};}

app.on('ready', createWindow);
```

ℹ 注意：

此处提供了显式的应用程序版本。

（2）保存变化结果并利用 nmp start 命令启动应用程序。

（3）在访问 Analytics 并重载页面之前稍作等待。其间，在 Real-time users 图表中可以看到一个呈递增状态的计数器。如果没有看到这些变化内容，则可等待并不时地重载页面。

（4）访问 Account 页面并针对 My App 项单击 Edit 按钮。

（5）将版本号修改为 0.0.2，如图 7.15 所示。

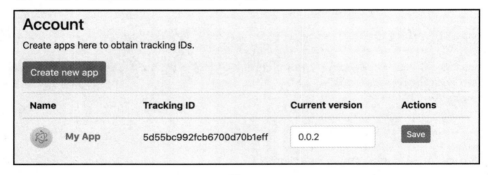

图 7.15

可以看到，我们仅修改了版本字段。图 7.15 所示的表单将通知每个客户端应用程序，当前应用程序的新版本已注册完毕。

（6）单击 Save 按钮并切换回 Electron 应用程序。

（7）图 7.16 所示的简单对话框表明，新版本已处于可用状态。

需要注意的是，我们可通过额外的按钮构建更加复杂的用户界面，进而查看发布的备注或站点访问等内容。

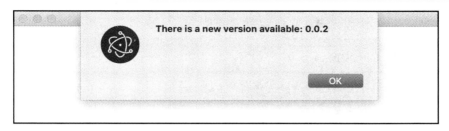

图 7.16

稍后将学习如何引入全局服务器设置。

7.13　加载全局服务器设置

Nucleus 服务的另一个重要特性是 Custom JSON payload，并可在 Nucleus 账户的 Other 部分进行查看，如图 7.17 所示。

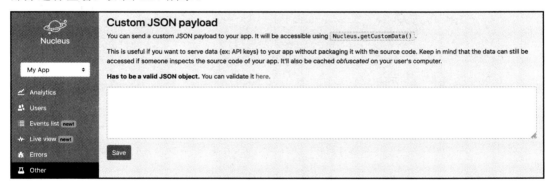

图 7.17

自此，我们可在服务器端创建一个 JSON 文档，每个 Electron 应用程序实例在启动时均可获取该文档，以供配置或业务逻辑使用。

假设希望随时间修改全局变量，甚至 API 密钥。那么，在许多场合下，应用程序均可从访问动态更改的数据中获益。

下面创建一个简单的配置文档，并将其传送至客户端实例。

（1）访问 Nucleus Web 账户中的 Other 部分，并填写下列 JSON 内容。

```
{
  "message": "hello, world"
}
```

（2）单击 Save 按钮，当前页面如图 7.18 所示。

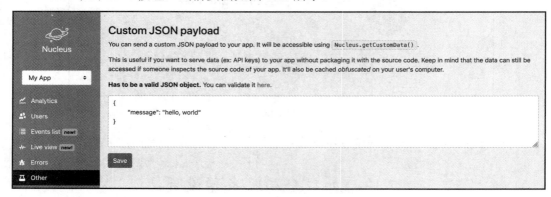

图 7.18

（3）切换至应用程序代码，并将下列代码添加至 createWindow 函数中。

```
// Fetch global settings
Nucleus.getCustomData((err, data) => {
  if (err) {
    console.error(err);
  } else {
    console.log(data);
  }
});
```

这里使用了 Nucleus.getCustomData API 并从服务器中获取 JSON 对象，相应地，回调函数一般接收两个参数，即 err（提供错误信息）和 data（提供服务器端文档的内容）。

（4）将两个参数重定向至控制台输出，以便查看源自服务器的响应结果。

（5）通过 npm start 命令运行应用程序。当 Electron 应用程序启动时，切换回 Command Prompt 查看程序的输出结果。

（6）对应的输出结果如下。

```
$ electron .
{ message: 'hello, world' }
```

至此，我们成功地集成了服务器端的设置项，用户可尝试提供源自服务器的 JSON 文档代码。

提示:

作为尝试,读者可修改相关值并重启应用程序。注意,应用程序会获取更新后的数据;另外,更新某些参数时无须发布一个完整的版本。

接下来将讨论许可机制。

7.14　许可检查机制和政策

本节将考查许可检查机制。

Nucleus 服务提供了简化的许可检查机制,并可与 Electron 应用程序结合使用。

注意:

对于某些更加高级的解决方案,读者可参考 Keygen 服务(https://keygen.sh/),这是一个为开发者构建的十分简单的软件许可 API。

Nucleus 服务允许我们管理在线账户中 Other / License Policies 内的许可证列表,并可令客户端应用程序检查其状态。

基于该检查行为,我们可启用/禁用特定的特性,或者通知用户证书已经过期,甚至还可在应用程序内部购买新功能或升级。

7.14.1　创建新策略和许可

本节将考查证书并执行简单的应用程序级别的检查。

(1)访问 Nucleus 账户的 Other 部分,初始界面如图 7.19 所示。

图 7.19

针对新的证书策略，可提供下列各项。

❑　Policy ID：证书策略的唯一标识符。

❑　Validity：证书的生命周期，可选择 Always、1 week、1 month、90 days 或 1 year。

❑　Version：所用的应用程序的版本，可选择 All versions 或 Only current。

❑　Machines allowed：可与给定证书策略协同使用的机器数量，可选择 Unlimited、1、2、5、10。

❑　Price：关联价格。

（2）针对新的证书策略，利用下列值填写详细信息。

❑　Policy ID: a409f54f-b799-48e6-99ec-4d46bc4101a6。

❑　Validity: always。

❑　Version: all。

❑　Machines allowed: unlimited。

❑　Price: 9.99。

（3）单击 Create 按钮保存变化内容以生成新的策略。一旦创建了证书策略，对应结果如图 7.20 所示。

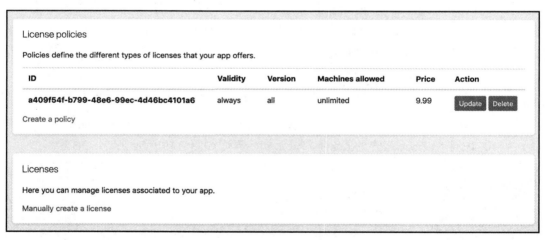

图 7.20

（4）单击 Manually create a license，可尝试在 New License 表单中提供相应的电子邮件地址。另外，还可在下拉菜单中选择希望使用的 License policy，如图 7.21 所示。

💡 提示：

此处应使用真实的电子邮件地址以供后续各项步骤使用。

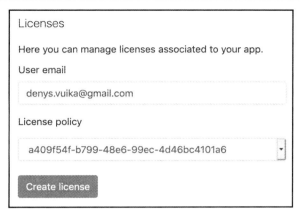

图 7.21

（5）单击 Create license 按钮，系统将发送一封包含证书号的确认邮件。如果提供了有效的电子邮件地址，将收到如图 7.22 所示的关于 My App 应用程序的通知邮件。

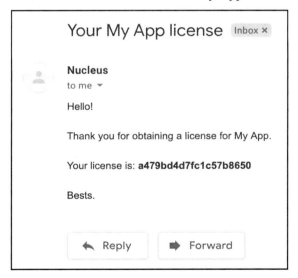

图 7.22

（6）此处应注意 Web 页面视图的变化。图 7.23 显示了有效的整数列表及详细信息。

（7）通过单击证书名称一侧的+号，可临时禁用证书或完全删除证书。此外，我们还可对证书实施进一步的控制，如图 7.24 所示。

接下来将证书检查集成至 Electron 应用程序中。

图 7.23

图 7.24

7.14.2　检查应用程序中的证书

截至目前，我们已经生成了一个新的证书，并在确认邮件时收到了证书 ID，下面将在应用程序代码中激活该 ID。

（1）切换至 main.js 文件，并将下列代码添加至 createWindow 函数中。

```
Nucleus.checkLicense('556e3bb5e9f5e230d884', (err, license) => {
    if (err) return console.error(err);

    if (license.valid) {
      console.log('License is valid :) Using policy ' +
```

```
        license.policy);
    } else {
      console.log('License is invalid :(');
    }
});
```

这里使用 Nucleus.checkLicense 函数获取包含两个参数的回调。其中,第 1 个参数为 err(提供错误信息),第 2 个参数为 license(提供与证书相关的细节信息)。

出于简单考虑,我们将检查行为重定向至控制台输出。

(2)利用 npm start 脚本运行应用程序,并检查控制台的输出结果,如下所示。

```
License is valid :) Using policy a409f54f-b799-
48e6-99ec-4d46bc4101a6
```

(3)出于测试目的,可尝试将证书 ID 修改为其他值,并再次启动应用程序。此时,对应结果如下。

```
License is invalid :(
```

至此,我们已将证书检查机制集成至 Electron 应用程序中。

在实际的项目开发中,可能会显示一个对话框并询问证书密钥,随后可将其存储于某处,并根据证书的验证检查机制向应用程序提供不同的操作行为。

🛈 注意:

本章仅介绍了证书及其策略的基础知识。此外,用户还可能希望加强存储并提升应用程序的安全性,以及对本地存储的证书值进行加密。针对其他高级服务和 API,读者可参考 Keygen(https://keygen.sh/)服务。

7.15　本 章 小 结

本章通过在线跟踪机制和证书检查机制成功地配置了 Electron 应用程序。

当前,我们能够在项目中使用第三方分析服务,维护和加载服务器中的全局设置,并执行证书生成和验证操作。

第 8 章将讨论聊天应用程序,并利用 Google Firebase 构建一个群聊程序。

第 8 章　利用 Firebase 构建群聊应用程序

前述内容构建了离线 Electron 应用程序。对于离线优先的应用程序，我们将采用本地方式存储所有的 HTML、CSS 和 JavaScript 内容，并于随后将全部文件嵌入包中。接下来，可重新分发包并发布应用程序的新版本，以防止修改代码后向应用程序中引入新特性。另外，我们还将采用本地方式存储全部应用程序数据。

另一种开发 Electron 应用程序的常见方法是在远程服务器上存储资源，并将应用程序用作瘦客户端，进而减少所发布的特性数量，并向应用程序注入活力。这意味着向服务器部署新的变化内容，全部客户端将在下一次重启（甚至以实时方式）自动获取新的内容。

本章将构建一个基于群聊天特征的、类似于 Slack 的聊天应用程序，同时将全部数据存储于远程服务器中，并以实时方式显示群组和消息列表。除此之外，我们还将学习如何存储服务器上的新消息。

本章主要涉及以下主题。

❑　创建一个 Angular 项目。

❑　创建一个 Firebase 账户。

❑　创建一个 Firebase 应用程序。

❑　配置 Angular Material 组件。

❑　构建一个登录对话框。

❑　将登录对话框连接至 Firebase Authentication。

❑　配置 Realtime 数据库。

❑　显示群列表。

❑　实现群消息页。

❑　显示群消息。

❑　发送群消息。

❑　验证 Electron Shell。

本章涵盖了丰富的内容，首先需要定义将要使用的堆栈。

8.1　技　术　需　求

在开始编码之前，本节将确定应用程序所采用的堆栈，如下所示。

❏　面向整个应用程序的 Angular 框架。

❏　Angular 组件（也称作 Angular Material），以便可利用 Google Material Design 规范构建用户界面。

❏　针对身份验证、实时数据库和托管机制的 Firebase。

下面对每项内容进行了简要的介绍并给出其使用原因。

❏　Angular：本章计划利用远程后端构建一个简单的聊天应用程序，这意味着，我们将使用 HTTP 客户端、支持多页面的路由机制（如 Login 和 Chat 窗口）等。为了快速实现目标，需要将注意力集中于应用程序特性实现方面，而不是从头构建整个生态圈。因此，我们并不打算从 JavaScript 开始，然后使用 Angular CLI 工具。本章将构建一个可供随时使用的 Web 应用程序，并可将其打包为一个 Electron 项目。

ℹ️ **注意：**

读者可以回顾第 3 章介绍的与 Electron 和 Angular 框架相关的内容。

❏　Angular Material：聊天程序需要使用某些 UI 组件，至少应包含 Login 对话框、Chat 窗口、输入组件等。为了节省时间，我们将采用 Angular Material 组件这一简单、自然的方式构建典型的 Angular 应用程序。Angular Material 库涵盖了大量的组件，读者可访问 https://material.angular.io 查看相关文档、操作指南和示例。

接下来将选取存储方案。具体来说，本章将采用 Google Firebase。

❏　Google Firebase：我们需要将聊天数据存储于云端，对此可采用 Firebase。Firebase 是一个十分流行的移动和 Web 应用程序开发平台，并提供了大量的服务以增强应用程序，其中包括以下几项。

➢　可跨设备和平台同步数据的实时数据库。

➢　基于多项协议和集成方案的身份验证服务。

➢　托管机制。

➢　推送消息。

➢　分析过程。

ℹ️ **注意：**

关于 Firebase，读者可访问 https://firebase.google.com/ 以了解更多信息。

需要注意的是，Google Firebase 并非是唯一的解决方案，读者可访问 https://blog. back4app.com/2018/01/12/firebase-alternatives/ 查看前 10 种替代方案。

Google Firebase 并不复杂，这一方案将贯穿于本章的全部内容。下面首先创建一个

Angular 项目。

读者可访问本书的 GitHub 存储库查看文章的代码文件，对应网址为 https://github.com/PacktPublishing/Electron-Projects/tree/master/Chapter08。

8.2 创建一个 Angular 项目

本章将实现一个基础项目，同时满足聊天应用程序的基本需求。

（1）创建新的项目文件夹。

（2）运行下列命令初始化新项目。

```
ng new chat-app
```

（3）当询问是否支持 Angular 路由机制时，回答 Yes 或输入 y。

```
Would you like to add Angular routing? (y/N)
y
```

（4）针对样式表格式问题，可选择 SCSS。

```
Which stylesheet format would you like to use?
SCSS
```

（5）在 Angular CLI 中，对应输出结果如图 8.1 所示。

```
? Would you like to add Angular routing? Yes
? Which stylesheet format would you like to use? SCSS    [ https://sass-lang.com/documentation/syntax#scss    ]
CREATE chat-app/README.md (1024 bytes)
CREATE chat-app/.editorconfig (246 bytes)
CREATE chat-app/.gitignore (631 bytes)
CREATE chat-app/angular.json (3697 bytes)
CREATE chat-app/package.json (1282 bytes)
CREATE chat-app/tsconfig.json (543 bytes)
CREATE chat-app/tslint.json (1988 bytes)
CREATE chat-app/browserslist (429 bytes)
CREATE chat-app/karma.conf.js (1020 bytes)
CREATE chat-app/tsconfig.app.json (270 bytes)
CREATE chat-app/tsconfig.spec.json (270 bytes)
CREATE chat-app/src/favicon.ico (5430 bytes)
CREATE chat-app/src/index.html (294 bytes)
CREATE chat-app/src/main.ts (372 bytes)
CREATE chat-app/src/polyfills.ts (2838 bytes)
CREATE chat-app/src/styles.scss (80 bytes)
CREATE chat-app/src/test.ts (642 bytes)
CREATE chat-app/src/assets/.gitkeep (0 bytes)
CREATE chat-app/src/environments/environment.prod.ts (51 bytes)
CREATE chat-app/src/environments/environment.ts (662 bytes)
CREATE chat-app/src/app/app-routing.module.ts (246 bytes)
CREATE chat-app/src/app/app.module.ts (393 bytes)
CREATE chat-app/src/app/app.component.scss (0 bytes)
CREATE chat-app/src/app/app.component.html (1152 bytes)
CREATE chat-app/src/app/app.component.spec.ts (1101 bytes)
CREATE chat-app/src/app/app.component.ts (213 bytes)
CREATE chat-app/e2e/protractor.conf.js (810 bytes)
    Directory is already under version control. Skipping initialization of git.
```

图 8.1

（6）利用 ng serve --open 命令尝试运行应用程序，对应结果如图 8.2 所示。

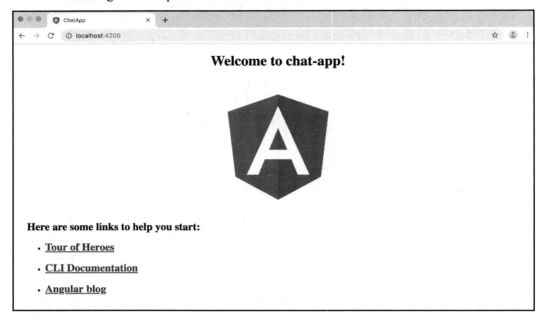

图 8.2

截至目前，一切运行正常。接下来将配置 Electron Shell。

当配置 Electron Shell 的集成时，需要对项目文件做出修改。

（1）更新 src/index.html 文件并包含下列代码。

```html
<!DOCTYPE html>
<html lang="en">
  <head>
    <meta charset="utf-8" />
    <title>ChatApp</title>
    <base href="./" />

    <meta name="viewport" content="width=device-width,
      initial-scale=1" />
    <link rel="icon" type="image/x-icon" href="favicon.ico" />
  </head>
  <body>
    <app-root></app-root>
  </body>
</html>
```

（2）利用下列命令安装 Electron 库。

```
npm i electron -D
```

（3）更新 package.json 文件。

```
{
  "name": "chat-app",
  "version": "0.0.0",
  "main": "main.js",
  "scripts": {
    "ng": "ng",
    "serve": "ng serve",
    "start": "electron .",
    "build": "ng build",
    "test": "ng test",
    "lint": "ng lint",
    "e2e": "ng e2e"
  },
  // other content
```

这里将使用 npm run serve 命令运行 Angular 应用程序，并采用 npm run start 或 npm start 启动 Electron 应用程序。

🛈 注意:

第 3 章介绍了与脚本配置相关的更多内容。关于如何设置产品发布版本，建议读者参考相关示例。

（4）将 main.js 文件连同下列代码置于项目的 root 文件夹中。

```
const { app, BrowserWindow } = require('electron');

function createWindow() {
  const win = new BrowserWindow({
    width: 800,
    height: 600,
    webPreferences: {
      nodeIntegration: true
    },
    resizable: false
  });

  win.loadURL('http://localhost:4200');
}
```

```
app.on('ready', createWindow);
```

（5）在两个独立的控制台实例中运行下列命令。

```
# first console
npm run serve

# second console
npm start
```

（6）图 8.3 显示了最终的应用程序窗口。

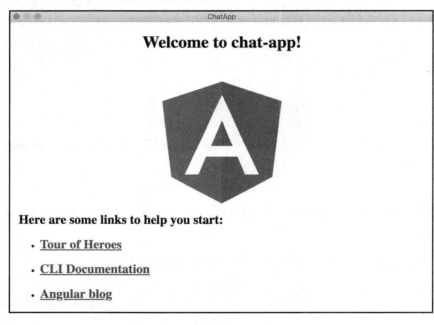

图 8.3

接下来将创建新的 Firebase 账户。

8.3　创建新的 Firebase 账户

本节将创建新的 Firebase 账户，并获取 Firebase 控制台的访问权限。对此，需要持有一个激活的 Google 账户。

（1）访问 https://firebase.google.com/并单击 Get started 按钮，如图 8.4 所示。

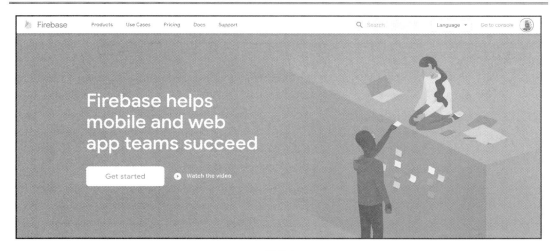

图 8.4

（2）单击 Create a project 按钮，如图 8.5 所示。

图 8.5

（3）填写表单并将当前项目命名为 electron-chat-app。

（4）注意此处生成的唯一项目的 ID 值。

注意：

项目的全局唯一标识符将用于实时数据库 URL、Firebase Hosting 等子域中，因而在项目创建完毕后不可修改项目 ID 值。

当前项目的 ID 值为 electron-chat-app-df7eb，该值将随各个项目而变化。随后单击

Continue 按钮，如图 8.6 所示。

图 8.6

（5）选择是否需要针对项目启用 Google Analytics。由于本章并不打算考查分析内容，因而可选择 Not right now，如图 8.7 所示。

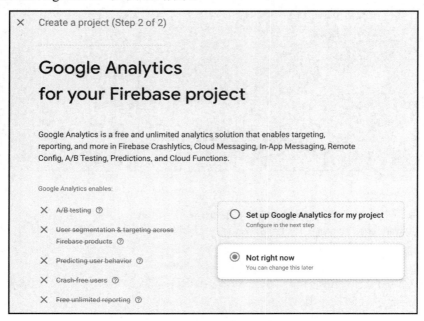

图 8.7

ℹ️ **注意：**

如果读者对 Firebase 较为熟悉，可一直开启 Set up Google Analytics for my project 特性。

（6）单击 Create project 按钮。

（7）创建新项目需要占用几秒钟的时间。当项目生成完毕后，可在进度栏看到 Your new project is ready 标签，如图 8.8 所示。

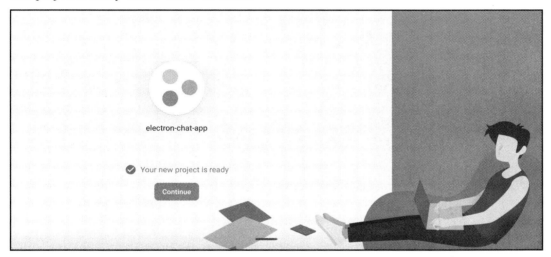

图 8.8

（8）单击 Continue 按钮后，应可看到应用程序的控制台仪表板，如图 8.9 所示。

ℹ️ **注意：**

Firebase 提供了多项价格标准，读者可访问 https://firebase.google.com/pricing 以了解详细信息。读者需要了解的是，默认状态下，每个 Firebase 应用程序均包含免费的 Spark 标准方案，且涵盖较多的限制条件，但对于应用程序开发和测试而言已然足够。

此时，我们仅持有一个空的 electron-chat-app 项目。在本书编写时，我们可创建并注册 4 种不同的应用程序类型，如下所示。

❑　iOS 应用程序。

❑　Android 应用程序。

❑　Web 应用程序。

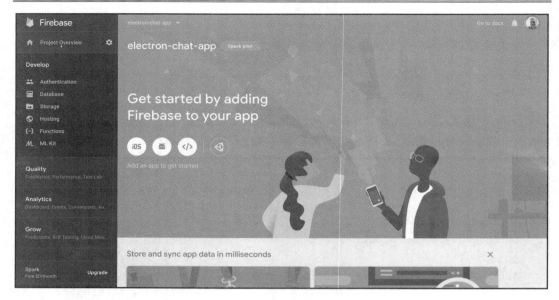

图 8.9

    ❑   针对 iOS 或 Android 的 Unity 游戏。

至此，我们创建了一个 Firebase 账户，接下来将创建一个 Web 应用程序。

8.4　创建一个 Firebase 应用程序

本节将注册一个 Web 应用程序，相关步骤如下。

（1）单击屏幕上的对应按钮后将弹出如图 8.10 所示的 Create an application 对话框。

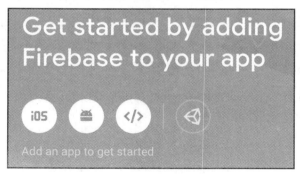

图 8.10

（2）输入 electron-client 作为应用程序的别名，如图 8.11 所示。

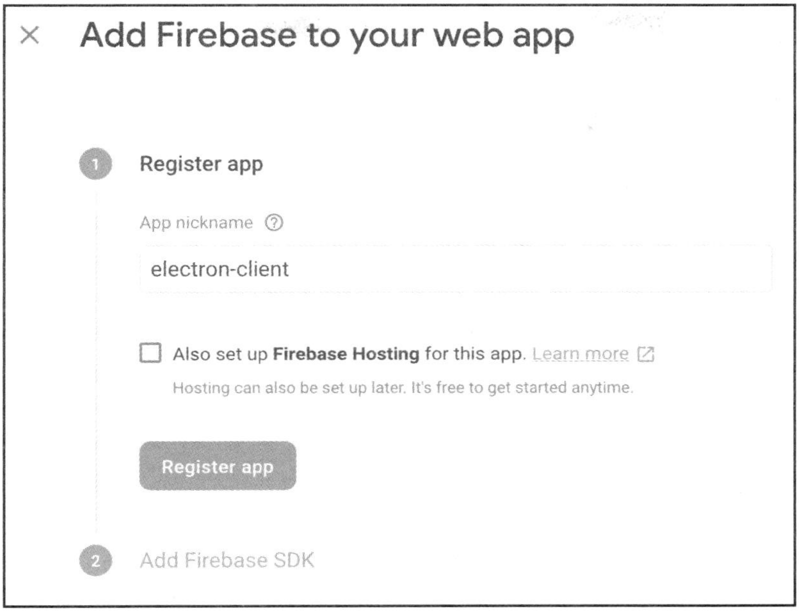

图 8.11

ℹ️ **注意：**

应用程序别名将在整个 Firebase 控制台中使用，并以此表示当前应用程序。别名对用户是不可见的。

（3）用户还可设置应用程序的 Firebase Hosting，此处仅保留原始值并单击 Register app 按钮。

（4）此处所显示的 HTML 代码片段将用于构建 Firebase 项目中新的 Web 应用程序，如图 8.12 所示。

代码中包含了与当前项目相关的所有值。注意，全部密钥和标识符可能有所不同。

💡 **提示：**

我们可复制并保存此类代码以供后续使用。另外，在项目设置中也存在这一部分内容并可供检索。

（5）单击 Continue to console 按钮结束应用程序的设置。

下面将快速设置 Angular Material 库。

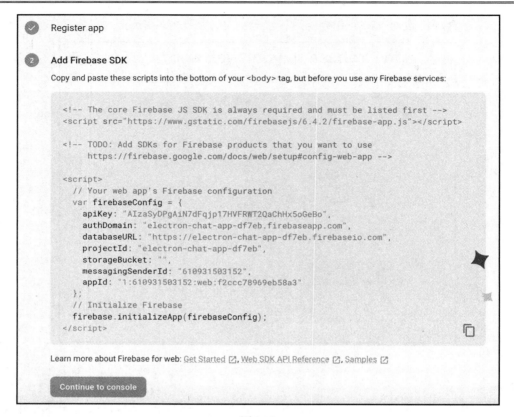

图 8.12

8.5　配置 Angular Material 组件

本节将安装 Angular Material 组件的依赖项，并将所需内容集成至当前项目中。对此，运行下列命令。

```
npm install --save @angular/material @angular/cdk @angular/animations
```

通常情况下，开发人员需要执行一系列步骤方可在新的 Angular 项目中设置 Angular Material 组件。对此，读者可访问 https://material.angular.io/guide/getting-started 查看详细信息。

当前，我们仅需执行下列步骤。

❑　添加动画组件。

❑　配置默认主题。

❑　添加 Material Icons 库。

此外，我们还将添加一个作为导航栏的材质工具栏组件测试整个设置过程。

8.5.1　添加 Browser Animations 模块

对于材质组件，还需要集成 Browser Animations 模块方可正常工作。对此，可执行下列步骤。

（1）切换至 src/app/app.module.ts 文件。

（2）导入 BrowserAnimationsModule，如下所示。

```
import { BrowserAnimationsModule } from '@angular/platform-browser
  /animations';

@NgModule({
  declarations: [AppComponent],
  imports: [BrowserModule, BrowserAnimationsModule,
           AppRoutingModule],
  providers: [],
  bootstrap: [AppComponent]
})
export class AppModule {}
```

接下来将配置默认的主题设置。

8.5.2　配置默认的主题

该步骤较为简单，仅需将某个主题设置为应用程序的默认状态即可。下面将使用文档示例中的同一主题。

通过下列命令更新 src/styles.scss 文件。

```
@import "~@angular/material/prebuilt-themes/indigo-pink.css";
```

接下来介绍 Material Icons 库。

8.5.3　添加 Material Icons 库

本章稍后将针对群聊列表使用相应的图标。这里首先将 Google Material Icons 集成至当前项目中。

更新 src/index.html 文件，并将下列代码置于 head 部分。

```
<link href="https://fonts.googleapis.com/icon?family=Material+Icons"
rel="stylesheet">
```

随后将测试整个设置过程，并针对应用程序提供一个导航栏。

8.5.4 添加导航栏

本节将使用材质工具栏组件作为应用程序的标题栏，以使应用程序可导航至 Login 屏幕和其他区域。

在将材质工具栏置于应用程序时，需要使用对应的模块。

（1）将 MatToolbarModule 导入主应用程序中，即 src/app/app.module.ts。

```
import { MatToolbarModule } from '@angular/material/toolbar';

@NgModule({
  declarations: [AppComponent],
  imports: [
    BrowserModule,
    BrowserAnimationsModule,
    AppRoutingModule,
    MatToolbarModule
  ],
  providers: [],
  bootstrap: [AppComponent]
})
export class AppModule {}
```

（2）利用下列代码替换 src/app/app.component.html 文件中的内容。

```
<mat-toolbar color="primary">
  <span>Electron Chat</span>

  <!-- This fills the remaining space of the current row -->
  <span class="fill-space"></span>

  <span>Login</span>
</mat-toolbar>

<router-outlet></router-outlet>
```

（3）更新 src/app/app.component.scss 文件，并包含下列代码。

```
.fill-space {
  /* This fills the remaining space, by using flexbox.
     Every toolbar row uses a flexbox row layout. */
  flex: 1 1 auto;
}
```

（4）向 src/styles.scss 文件中添加 UI。

```
@import '~@angular/material/prebuilt-themes/indigo-pink.css';

body,
html {
  height: 100%;
}

body {
  margin: 0;
}
```

接下来将测试应用程序的结构并查看对应的结果。

8.5.5　利用材质工具栏测试应用程序

切换至 Command Prompt 或 Terminal 窗口，并测试应用程序，以确保一切正常。运行下列命令。

```
ng serve --open
```

上述命令将启动一个 Web 浏览器并打开默认浏览器，如图 8.13 所示。

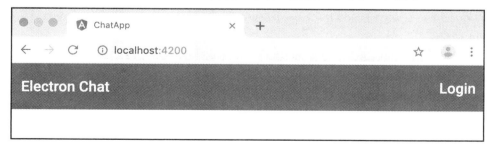

图 8.13

目前一切顺利。接下来将构建登录对话框。

8.6　构建登录对话框

读者可能感到奇怪，应用程序为何需要登录对话框？答案在于应用程序数据的安全性。在现实生活中，全部数据的访问功能都需要得到保护，并在发布产品级应用程序时启用各种安全限制条件。因此需要实现一个登录对话框，并通过远程服务器验证会话。

登录对话框的构造步骤如下。

（1）运行下列命令生成一个 login 组件。

```
ng g component login
```

（2）在 src/app/app-routing.module.ts 文件中，利用指向 Login Dialog 组件的/login URL 创建一个新的 Route。

```
// ...
import { LoginComponent } from './login/login.component';

const routes: Routes = [
  {
    path: 'login',
    component: LoginComponent
  }
];
@NgModule({
  imports: [RouterModule.forRoot(routes)],
  exports: [RouterModule]
})
export class AppRoutingModule {}
```

此外还需要生成一个标题区域，以便可导航至默认的主页，进而使 Login 链接导航至/login 路由。

（3）更新 src/app/app.component.html 文件，并利用超链接替换 span 元素。

```
<mat-toolbar color="primary">
  <a [routerLink]="'/'">Electron Chat</a>

  <span class="fill-space"></span>
  <a [routerLink]="'login'">Login</a>
</mat-toolbar>

<router-outlet></router-outlet>
```

（4）更新 src/app/app.component.scss 文件，对样式稍作调整以使超链接在蓝色背景中具有更好的外观。

```
.mat-toolbar {
  & > a {
    text-decoration: none;
    color: white;
  }
}
```

（5）通过 ng serve --open 命令，在本地 Web 服务器中再次运行 Web 应用程序。单击 Login 链接访问 Login Dialog 组件的实现。默认状态下，浏览器应包含文本 login works!（见图 8.14）。

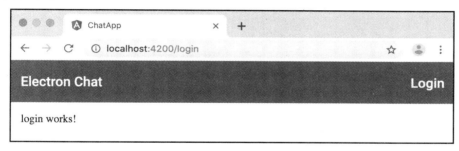

图 8.14

（6）单击标题区域，确保可返回至主页。

当前，主页内容暂时为空，稍后将向其中添加相关内容。

鉴于已经持有 Login 对话框的占位符，下面将构建传统的用户界面。该界面包含用户名和密码输入框以及一个提交按钮。

8.6.1　实现 Material 界面

此处至少需要两个传统的 Material 模块，以实现基本的 Login 表单，即 Input 和 Button 组件模块，其添加方式如下。

（1）更新 src/app/app.module.ts 文件，使其包含下列代码。

```
import { MatButtonModule } from '@angular/material/button';
import { MatInputModule } from '@angular/material/input';

@NgModule({
  declarations: [AppComponent, LoginComponent],
```

```
  imports: [
    // ...
    MatInputModule,
    MatButtonModule
  ],
  providers: [],
  bootstrap: [AppComponent]
})
export class AppModule {}
```

（2）利用下列代码替换 src/app/login/login.component.html 文件中的内容。

```
<div class="login-form-container">
  <div class="login-form">
    <h1>Login</h1>

    <mat-form-field class="login-field">
      <input #loginField matInput placeholder="Username"
        autocomplete="off" />
    </mat-form-field>

    <mat-form-field class="login-field">
      <input #passwordField type="password" matInput
        placeholder="Password" />
    </mat-form-field>
    <div class="login-actions">
      <button mat-raised-button>Login</button>
    </div>
  </div>
</div>
```

上述代码声明了一个包含 Login 文本的标题，此外还提供了两个输入框和一个按钮以执行身份验证操作。

接下来需要针对登录表单提供相关样式。这里，表单在水平位置上居中放置，Login 按钮应位于屏幕的右侧。

（1）更新 src/app/login/login.component.scss 文件并包含下列代码。

```
.login-form-container {
  display: flex;
  .login-form {
    margin: auto;
    min-width: 150px;
    max-width: 500px;
```

```
  width: 100%;

  .login-field {
    width: 100%;
  }

  .login-actions {
    text-align: right;
  }
}
}
```

（2）运行或重启 Web 服务器并检查/login 路由。

（3）图 8.15 显示了应用程序的当前状态。

图 8.15

针对该对话框，我们需要进一步提供基本的验证机制和错误处理机制。

8.6.2　错误处理机制

考虑到验证操作可能失效，可对此添加简单的错误处理机制。

（1）利用对话框标题下方的 h2 元素更新 login.component.html 文件。

```
<h1>Login</h1>
<h2 class="error" *ngIf="error">Error: {{ error }}</h2>
```

可以看到，如果提供了 error 属性值，则仅显示 h2 元素。

（2）此处希望标签呈现出红色，因此可通过 error 类中的对应颜色更新 login. component.scss 样式表。

```scss
.error {
    color: red;
}
```

（3）更新 login.component.ts 文件代码，并提供一个空的 error 属性。

```ts
// ...
export class LoginComponent implements OnInit {
  error = '';
  // ...
}
```

稍后将处理导航结果以及用户所用的 Chat 视图。下面首先构建占位符组件以便随后向其中加入更多内容。

8.6.3　准备聊天组件占位符

本节将针对群聊列表创建一个占位符组件。

（1）运行下列命令创建一个新的 Chat 组件。

```
ng g component chat
```

（2）更新 app-routes.module.ts 文件。

```ts
import { ChatComponent } from './chat/chat.component';

const routes: Routes = [
  {
    path: 'login',
    component: LoginComponent
  },
  {
    path: 'chat',
    component: ChatComponent
  }
];
```

（3）更新登录表单以调用 login 方法。

```html
<div class="login-actions">
  <button
```

```
  mat-raised-button
   (click)="login(loginField.value, passwordField.value)"
  >Login</button>
</div>
```

（4）更新 Login 组件的代码。对此，需要导入 Router 对象并实现 login 函数。当前，无须身份验证即可导航至 chat 路由。

（5）更新 chat.component.ts 文件。

```
import { Router } from '@angular/router';

@Component({...})
export class LoginComponent {
  error = '';
  constructor(private router: Router) {}

  login(username: string. password: string) {
    // perform login here
    this.router.navigate(['chat']);
  }
}
```

（6）重启 Web 服务器，导航至 Login 页面，并填写用户名和密码输入框。

（7）单击 Login 按钮将显示 Chat 页面（包含了/chat 路由），如图 8.16 所示。

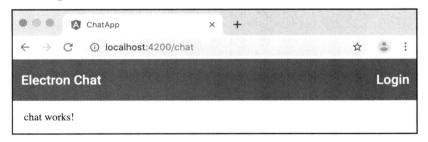

图 8.16

此时，我们已将 Login 对话框连接至 Firebase Authentication，下面学习如何将 Firebird 与 Login 对话框进行集成。

8.7　将登录对话框连接至 Firebase Authentication

前述内容创建了一个登录对话框组件，该组件接收 Username 和 Password 输入，并在身份验证成功后重定向至 Chats 页面。当前，我们需要配置 Firebase 项目，并提供一个应用程序可用的身份验证机制。

本节将执行下列操作。

❑　启用注册供应商以便可采用电子邮件地址/密码进行身份验证。

❑　创建一些示例账户测试登录对话框。

❑　将登录对话框组件与远程身份验证集成。

下面开始启用注册供应商。

8.7.1　启用注册供应商

本节将启用 Firebird 的身份验证特性，并通过下列各项步骤选择注册供应商。

（1）切换回 Firebird 控制台，并在导航栏的 Develop 部分单击 Authentication 链接，如图 8.17 所示。

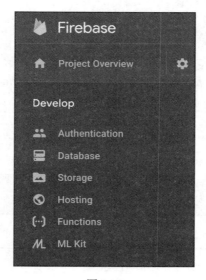

图 8.17

（2）此处应可看到所支持的注册供应商列表。如图 8.18 所示，Firebase 针对多种身份验证机制提供了支持。出于简单考虑，我们将采用传统的 Email/Password 方式。

（3）单击 Email/Password 列表项并获取对应的对话框。

💡 提示：

稍后将在 Login 对话框中提供多家注册供应商，如 Twitter、Facebook、Google 等。

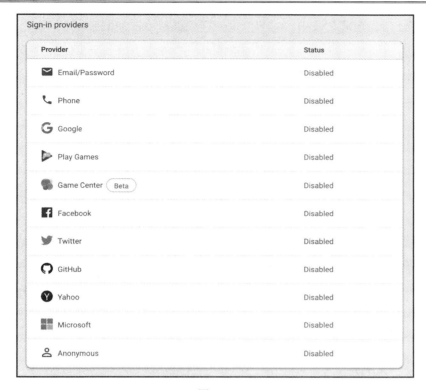

图 8.18

（4）在对话框中，单击 Enable 切换按钮并于随后单击 Save 按钮，如图 8.19 所示。

图 8.19

（5）在注册供应商列表中，对应的供应商应被启用，如图 8.20 所示。

图 8.20

💡 提示：

　　如果未启用供应商，可再次执行相同的步骤。除此之外，还可禁用相应的供应商，进而切换至另一家注册供应商。

　　目前，我们仅启用了 Email/Password 身份验证供应商，接下来将学习如何在 Firebase 控制台中直接创建账户。

8.7.2　创建示例账户

　　默认状态下，当单击侧栏中的 Authentication 链接时，将会在主内容区域看到 Sign-in method 选项卡。此外还可向上滚动鼠标以查看其他选项卡，如图 8.21 所示。

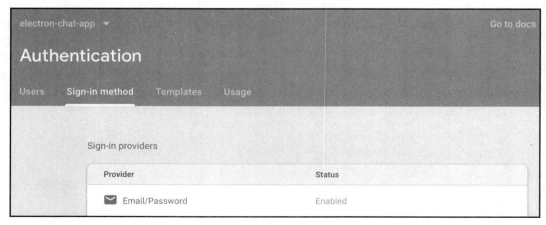

图 8.21

Firebase 控制台允许我们访问全部注册的账户。在 Users 选项卡中，我们可以查看账户，甚至还可采用手动方式创建新账户或编辑已有账户。

（1）单击 Users 选项卡以查看页面内容，如图 8.22 所示。

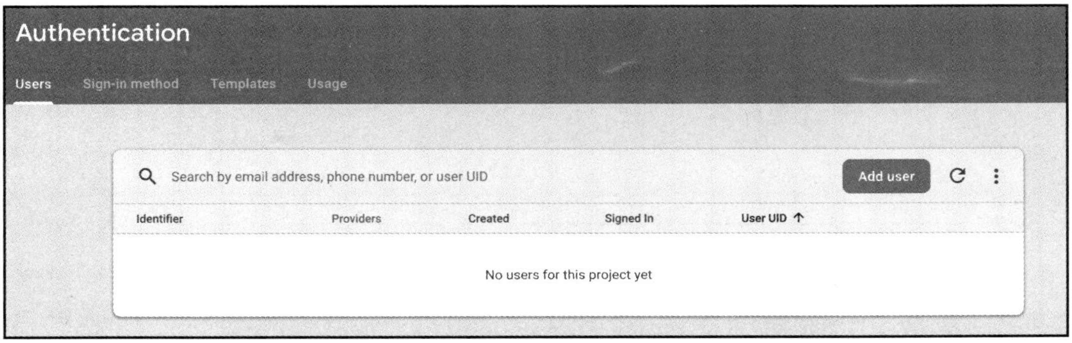

图 8.22

（2）截至目前，尚不存在任何用户。下面创建至少两名用户，并利用两个不同的账户测试聊天特性。单击 Add user 按钮后将弹出用户生成对话框，如图 8.23 所示。

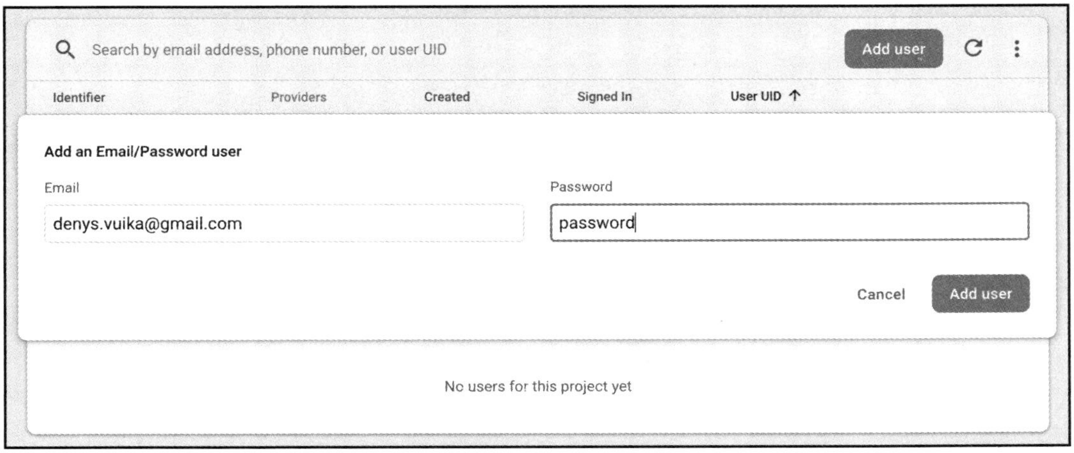

图 8.23

（3）填写输入框并单击 Add user 按钮。随后至少再一次重复这一过程。

（4）此时，应可看到一个在 Web 应用程序中注册的用户列表，如图 8.24 所示。下面切换至 Angular 应用程序，并将 Login 对话框与 Firebase 集成。

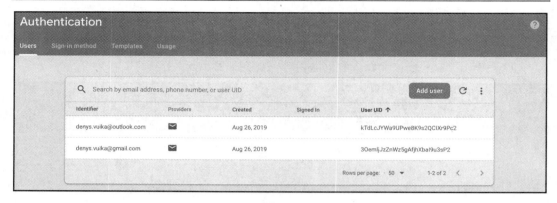

图 8.24

8.7.3　集成 Login 对话框和 Firebase

首先需要将 Firebase 配置设置项存储至项目的环境变量中。

（1）利用 Firebase 配置内容更新 src/environments/environment.ts 文件，对应的配置内容在之前设置 Firebase 项目时得到。

```
export const environment = {
  production: false,
  firebaseConfig: {
    apiKey: 'AIzaSyDPgAiN7dFqjp17HVFRWT2QaChHx5oGeBo',
    authDomain: 'electron-chat-app-df7eb.firebaseapp.com',
    databaseURL: 'https://electron-chat-app-df7eb.firebaseio.com',
    projectId: 'electron-chat-app-df7eb',
    storageBucket: '',
    messagingSenderId: '610931503152',
    appId: '1:610931503152:web:f2ccc78969eb58a3'
  }
};
```

注意：

实际值可能有所不同。

（2）利用下列命令安装 AngularFire2 库。

```
npm install @angular/fire firebase
```

ℹ️ **注意:**

AngularFire 2 是一个针对 Firebase 和 Angular 的官方库, 当在应用程序中使用 Firebase API 时, 可节省大量的时间的精力。关于 AngularFire 2 库, 读者可访问 https://github.com/angular/angularfire2 以了解更多内容。

（3）根据下列代码, 在 src/app/app.module.ts 文件中导入并设置 Angular Firebase 模块。

```
import { AngularFireModule } from '@angular/fire';
import { AngularFireAuthModule } from '@angular/fire/auth';
import { environment } from '../environments/environment';

@NgModule({
  // ...
  imports: [
    // ...
    AngularFireModule.initializeApp(
      environment.firebaseConfig
    ),
    AngularFireAuthModule
  ],
  // ...
})
export class AppModule {}
```

不难发现, 我们已经导入了 AngularFireModule, 并利用 environment.ts 文件中的 firebaseConfig 对其进行初始化。此外, 我们还导入了 AngularFireAuthModule 模块, 该模块保存了应用程序所需的全部结构, 进而执行身份验证操作。

（4）切换回 ogin.component.ts 文件并导入 AngularFireAuth 服务（通过构造函数设置）, 对应代码如下。

```
import { AngularFireAuth } from '@angular/fire/auth';

// ...
export class LoginComponent {
  // ...

  constructor(
    private router: Router,
    private firebaseAuth: AngularFireAuth) {}
  // ...
}
```

（5）利用下列代码更新 login 函数实现。

```
login(username: string, password: string) {
  this.firebaseAuth.auth.signInWithEmailAndPassword(username,
      password).then(
    credential => {
      console.log(credential);
      this.router.navigate(['chat']);
    },
    err => {
      this.error = err.message || 'Unknown error';
    }
  );
}
```

上述代码具有自解释性。此处调用了 AngularFire 提供的 signInWithEmailAndPassword 函数，并将用户名和密码传递至该函数中。一旦调用成功，则将最终的证书对象记录至控制台（以供测试使用），并导航至/chat 页面。如果出现错误，则更新 error 属性并向用户显示该错误内容。

下面首先讨论失败场景。

（1）输入错误的证书，并单击 Login 按钮。图 8.25 显示了屏幕上的错误消息。

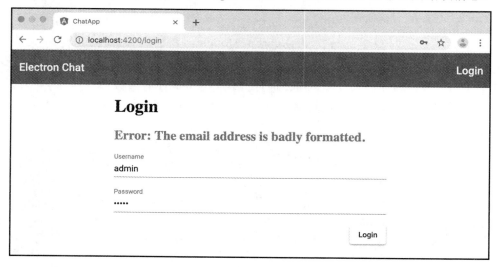

图 8.25

（2）在 Firebase 控制台中使用之前创建的证书。

（3）此时将不包含任何错误。应用程序将在单击 Login 按钮后显示/chat 页面，如图 8.26 所示。

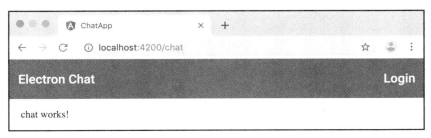

图 8.26

（4）另外，我们还将服务器响应结果转储至控制台日志中。当切换至开发人员工具时，将会看到如图 8.27 所示的数据。

```
▼ {…}
  ▼ additionalUserInfo: {…}
      isNewUser: false
      providerId: "password"
    ▶ <prototype>: Object { … }
    credential: null
    operationType: "signIn"
  ▶ user: Object { l: "AIzaSyDPgAiN7dFqjp17HVFRWT2QaChHx5oGeBo", o: "[DEFAULT]", u: "electron-chat-app-df7eb.firebaseapp.com", … }
  ▶ <prototype>: Object { … }
```

图 8.27

可以看到，服务器提供了一组应用程序可能需要的附加信息。读者可参考 Firebase 文档查看相关字段及其使用方式。

至此，我们向前迈出了重要的一步。也就是说，我们已经设置了执行应用程序身份验证检查的 Firebase 项目，此外还设置了简单的 Login 对话框。截至目前，我们还暂时不能登录至应用程序并重定向至 Chat 页面。

稍后将处理聊天功能以及数据库的配置问题。

8.8　配置实时数据库

前述内容曾成功地配置了身份验证机制，下面将处理数据库问题，进而存储群聊信息和消息。

（1）访问 Firebase 控制台并单击项目侧栏的 Database 链接。默认状态下，Firebase 提供了两种不同的数据库层，即 Cloud Firestore 和 Realtime Database。当前项目将采用 Realtime Database。

（2）向下滚动鼠标直至到达 Realtime Database 部分，如图 8.28 所示。

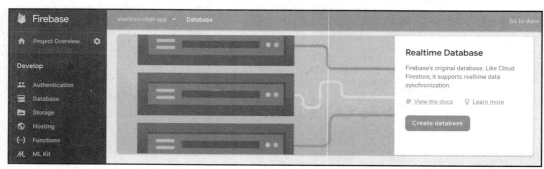

图 8.28

（3）单击 Create database 按钮并弹出相应的对话框。

（4）此时，Firebase 将询问安全规则预置项，对应选项如下。

❑ Locked mode：私有数据库，无法执行读、写操作。

❑ Test mode：支持数据库的读、写访问。

（5）出于简单、快速的目的，此处将使用 Test Mode 以使应用程序处于运行状态。但在将应用程序发布至产品之前，应提供适当的安全配置。

（6）选中 Start in test mode 单选按钮并单击 Enable 按钮，如图 8.29 所示。

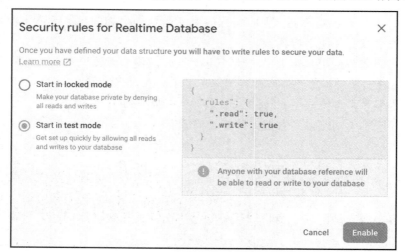

图 8.29

（7）单击 Enable 按钮后，将显示 Database 页面以及新创建的根对象，如图 8.30

所示。

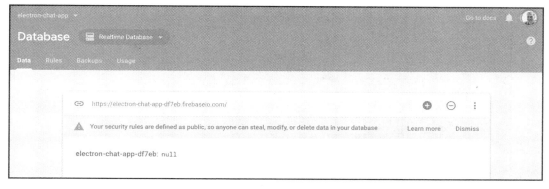

图 8.30

ℹ️ **注意:**

此处应注意 Google Firebase 如何显示一个与安全相关的警告标签，并以此表明稍后要处理的数据库安全设置项。

接下来创建供开发和测试使用的聊天群。

（1）将鼠标指针悬停于中心数据库区域的根对象上，直至看到+按钮。该按钮可添加子属性和 JSON 格式的复杂对象。

（2）单击+按钮后将显示一个针对属性的内联编辑器，如图 8.31 所示。

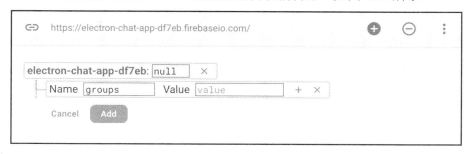

图 8.31

通过内联编辑器，可构建一个聊天群或聊天室的基本树形层次结构。

（3）创建 3 个聊天群，如图 8.32 所示。

其中可以看到包含 3 个分支（room1、room2、room3）的 groups 树形结构。除此之外，还可定义 description 属性，以便在 Angular 界面上显示用户友好的详细信息。

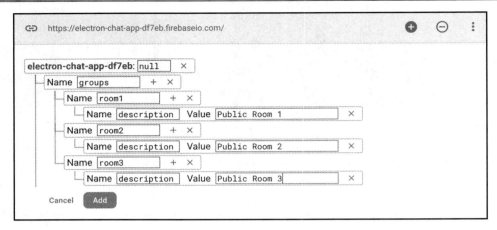

图 8.32

ⓘ 注意：

　　稍后可针对聊天群引入更多的元数据，如创建日期、Logo 图像等。

　　（4）一旦处于就绪状态，即可单击 Add 按钮。Firebase 将应用所有变化内容，并渲染如图 8.33 所示的树形线性结构。

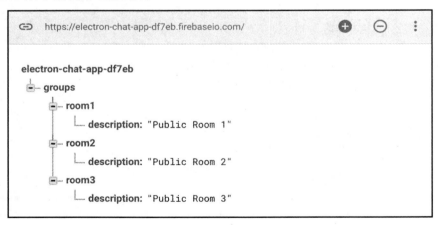

图 8.33

　　（5）作为尝试，可再次更新数据，并向每个聊天室添加 name 属性，如图 8.34 所示。

　　这些数据足以在 Web 界面中实现聊天群列表选择器。接下来将学习如何通过 Angular 和 Material 组件实现这一项任务。

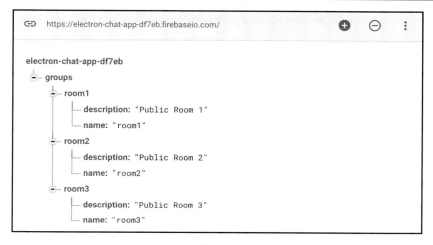

图 8.34

8.9　渲染聊天群列表

从 Web 界面的角度来看，我们设置了一个全功能的 Login 组件，并可使用户导航至 /chat 页面，其中包含了 chat works!文本标签。下面将利用用户可加入的聊天群列表替换当前内容。

（1）利用下列代码将 AngularFireDatabaseModule 导入主应用程序模块中。

```
import { AngularFireDatabaseModule } from '@angular/fire/database';

@NgModule({
  // ...
  imports: [
    // ...
    AngularFireModule.initializeApp(environment.firebaseConfig),
    AngularFireAuthModule,
    AngularFireDatabaseModule
  ],
  // ...
})
export class AppModule {}
```

上述代码将启用附加的 API，进而与 Firebase 的数据库通信。

（2）将以下类导入 chat.component.ts 文件中。

```
import { AngularFireDatabase } from '@angular/fire/database';
import { Observable } from 'rxjs';
```

（3）引入 groups 属性，其中保存聊天群实例列表。更新 chat.component.ts 文件，如下所示。

```
@Component({...})
export class ChatComponent implements OnInit {
  groups: Observable<any>;

  constructor(private firebase: AngularFireDatabase) {}

  ngOnInit() {
    this.groups = this.firebase.list('groups').valueChanges();
  }
}
```

AngularFire 库观察变化内容并自动更新集合。

（4）使用 HTML 模板渲染列表项。出于测试目的，此处将输出原始 JSON 格式。更新 chat.component.html 文件，如下所示。

```
<ul>
  <li *ngFor="let group of groups | async">
    {{ group | json }}
  </li>
</ul>
```

（5）保存变化结果并运行或重启 Web 服务器，随后登录并查看路由。此时应可看到如图 8.35 所示的包含 name 和 description 属性的对象列表。

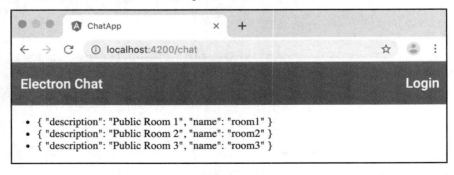

图 8.35

可以看到，我们已经成功地连接至 Firebase 实时数据库并可显示数据。

（6）利用 Material List 组件优化用户界面。将 MatListModule 和 MatIconModule 模块导入主应用程序模块中。

```
import { MatListModule } from '@angular/material/list';
import { MatIconModule } from '@angular/material/icon';
```

（7）利用 Material List 实现替换 chat.component.html 文件中的内容，如下所示。

```
<mat-list>
 <h3 mat-subheader>Groups</h3>
 <mat-list-item *ngFor="let group of groups | async">
   <mat-icon mat-list-icon>chat</mat-icon>
   <h4 mat-line>{{ group.name }}</h4>
   <p mat-line>{{ group.description }}</p>
 </mat-list-item>
</mat-list>
```

（8）切换至处于运行状态的 Web 应用程序，并查看用户界面，如图 8.36 所示。

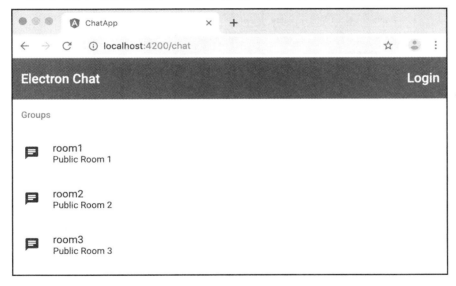

图 8.36

接下来学习 AngularFire 库如何处理实时更新。

之前定义 groups 属性时，我们通过 valueChanges API 获取一个 Observable 实例。这

里，Observable 可帮助我们构建一个变化响应列表。每次底层数据发生变化时，Material List 组件将重新绘制一切事物。

这里的问题是，该行为是否可与聊天应用程序协同工作？

（1）运行应用程序，确保存在群列表。

（2）切换至 Firebase 控制台并导航至 Database 部分。

💡 提示：

为了确保较好的可见性，建议并列打开两个选项卡，以便查看两个页面上同步发生的变化。

（3）向群列表中添加新的群，如图 8.37 所示。

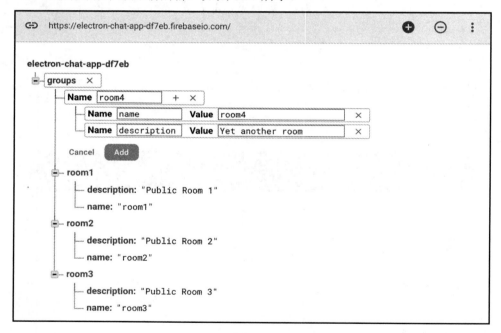

图 8.37

（4）当一切就绪后，单击 Add 按钮确认修改内容。这里应注意 chat 页面的实时更新方式，并可看得到列表中新添加的项，如图 8.38 所示。

可以看到，Firebase 针对平台间的自动数据同步提供了较好的特性。

稍后将实现群聊列表项的单击操作，并将用户重定向至对应的聊天室中。

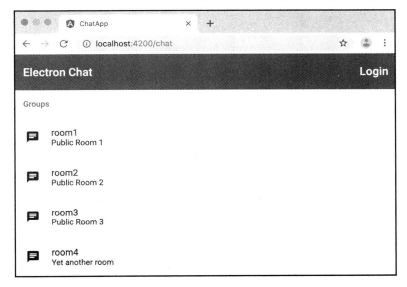

图 8.38

8.10　实现群消息页面

当单击群中的某一项时，本节将把用户重定向至专有的 Messages 页面中。

（1）运行下列命令生成 Messages 组件。

```
ng g component messages
```

（2）上述命令的输出结果如下。

```
CREATE src/app/messages/messages.component.scss (0 bytes)
CREATE src/app/messages/messages.component.html (23 bytes)
CREATE src/app/messages/messages.component.spec.ts (642 bytes)
CREATE src/app/messages/messages.component.ts (278 bytes)
UPDATE src/app/app.module.ts (1477 bytes)
```

（3）更新 app-routing.module.ts 文件，注册新的路由，并映射至刚刚创建的 MessagesComponent。

（4）使用 URL，如 chat/:group/messages。其中，:group 表示为运行期 Angular 替换的聊天群名称。

（5）利用下列代码更新路由集合。

```
import { MessagesComponent } from './messages/messages.component';

const routes: Routes = [
  {
    path: 'login',
    component: LoginComponent
  },
  {
    path: 'chat',
    component: ChatComponent
  },
  {
    path: 'chat/:group/messages',
    component: MessagesComponent
  }
];
```

（6）更新 HTML 模板以执行重定向操作。向 chat.component.html 模板添加 routerLink 指示符，如下所示。

```
<mat-list>
  <h3 mat-subheader>Groups</h3>
  <mat-list-item
    *ngFor="let group of groups | async"
    [routerLink]="[group.name, 'messages']"
  >
    <mat-icon mat-list-icon>chat</mat-icon>
    <h4 mat-line>{{ group.name }}</h4>
    <p mat-line>{{ group.description }}</p>
  </mat-list-item>
</mat-list>
```

（7）对样式稍作改进，至少应修改鼠标指针以使用户理解对应元素是可单击的，从而执行导航操作。对此，可在 chat.component.scss 中使用下列代码。

```
.mat-list-item {
  cursor: pointer;

  &:hover h4 {
    text-decoration: underline;
  }
}
```

这里，我们修改了指针并向群名添加了下画线。读者可以根据需要进一步改进列表元素的观感。

（8）重启应用程序并单击群中的元素，图 8.39 显示了相应的 messages 页面。

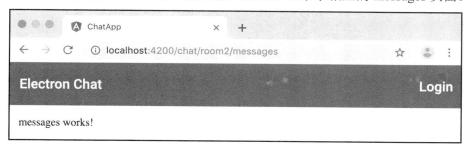

图 8.39

注意浏览器 URL 的变化方式，进而反映群名的对应值。另外，还可对其他群执行相同的操作，以确保得到期望的结果。

稍后将讨论如何发送和查看消息。

8.11　显示群消息

当前，我们得到了聊天群的初始结构，并希望每个聊天群包含一个消息列表。这里暂不支持向服务器发送消息，因而可直接更新数据库，并针对某个聊天群提供一些模拟数据。稍后将利用真实的消息替换这些模拟数据。

（1）切换至 Firebase 控制台，并针对根节点提供 messages 对象，如图 8.40 所示。

图 8.40

不难发现，数据保存于独立的分支中以简化实时访问。具体来说，groups 分支包含与聊天群相关的信息；messages 分支则存储真实的用户信息。每个消息对象包含一个指向对应群的引用。这可视为一种简单的实现方案且仅供展示使用。

（2）在 Angular 应用程序中显示消息。回忆一下，我们曾设置了一个名为 chat/:group/messages 的路由模板，其中:group 是动态的。

（3）访问 URL 的:group 部分，因为需要在请求对应消息之前获取群名。对此，可利用 ActivatedRoute 获取 group 参数。

（4）更新 messages.component.ts 文件并添加下列代码。

```typescript
import { ActivatedRoute } from '@angular/router';

@Component({...})
export class MessagesComponent implements OnInit {
  group = '';
  constructor(private route: ActivatedRoute) {}

  ngOnInit() {
    this.route.params.subscribe(params => {
      this.group = params.group;
    });
  }
}
```

（5）与群操作类似，导入 AngularFireDatabase 和 Observable，如下所示。

```typescript
import { AngularFireDatabase } from '@angular/fire/database';
import { Observable } from 'rxjs';

@Component({...})
export class MessagesComponent implements OnInit {
  messages: Observable<any>;

  constructor(
    private route: ActivatedRoute,
    private firebase: AngularFireDatabase
  ) {}

  ngOnInit() {
    // ...
  }
}
```

此处应使用 AngularFire API 过滤掉属于当前群的消息。

（6）更新 ngOnInit，如下所示。

```
ngOnInit() {
    this.route.params.subscribe(params => {
      this.group = params.group;

      if (this.group) {
        this.messages = this.firebase
          .list('messages', ref => ref.orderByChild('group')
          .equalTo(this.group))
          .valueChanges();
      }
    });
}
```

 注意：

关于 Querying Lists API，读者可访问 https://github.com/angular/angularfire2/blob/master/docs/rtdb/querying-lists.md 以了解更多内容。

（7）利用一个简单的列表元素更新 HTML 模板，如下所示。

```
<ul>
  <li *ngFor="let message of messages | async">
    {{ message | json }}
  </li>
</ul>
```

（8）重载页面或重启 Web 服务器，并访问第一个聊天群，如图 8.41 所示。

图 8.41

可以看到，当前消息与 room1 群关联。

当打开开发工具时，将会看到一些与性能相关的警告消息，如图 8.42 所示。

图 8.42

稍后将处理这些性能方面的警告消息。

根据相应的警告信息，需要针对/messages 列表中的 group 字段添加一个索引。

（1）切换至 Firebase 控制台并单击 Database 部分中的 Rules 选项卡。

（2）更新对应规则，如图 8.43 所示。

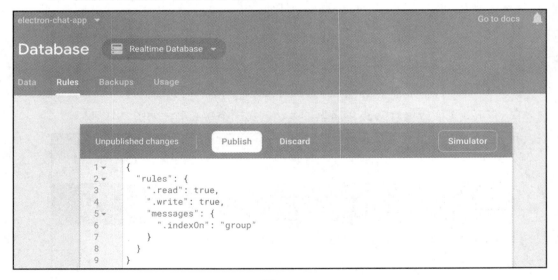

图 8.43

（3）一切就绪后，单击 Publish 按钮。此时，Firebase 将构建一个索引并更新数据，且无须在客户端执行任何其他的操作步骤。

（4）重载页面并查看控制台的输出结果。

（5）此时，与性能相关的警告消息将消失，如图 8.44 所示。

图 8.44

至此，我们介绍了消息列表的性能调试问题，接下来将讨论如何实现消息编辑器。

8.12　发送群消息

本节将实现某些支持功能，进而将消息发送至特定的群中。

（1）将 FormsModule 导入主应用程序模块中，如下所示。

```
import { FormsModule } from '@angular/forms';
```

构建消息文本的双向绑定需要使用 FormsModule。

（2）引入消息编辑器。对此，将下列代码添加至 messages.component.html 模板中。

```
<div class="message-editor">
  <mat-form-field class="message-editor-field">
    <input
      [(ngModel)]="newMessage"
      matInput
      placeholder="Message the group"
      autocomplete="off"
      (keyup.enter)="send()"
    />
  </mat-form-field>
</div>
```

这里，我们将输入元素以双向方式绑定至 newMessage 属性，并通过调用 send()函数处理 keyup.enter 事件。稍后还将再次讨论这一问题。

就样式而言，建议至少应在水平方向上拉伸输入元素，以占据整个可用空间。

（3）更新 messages.component.scss 文件以匹配下列代码。

```scss
.message-editor {
  padding: 0 10px;

  .message-editor-field {
    width: 100%;
  }
}
```

（4）处理 Enter 键并将消息发送至服务器，AngularFire 库可简化这一操作过程。切换至 messages.component.ts 文件，并根据下列内容更新代码。

```typescript
@Component({...})
export class MessagesComponent implements OnInit {
  newMessage = '';
  // ...

  send() {
    if (this.newMessage) {
      const messages = this.firebase.list('messages');

      messages.push({
        group: this.group,
        text: this.newMessage
      });

      this.newMessage = '';
    }
  }
}
```

（5）将 newMessage 值与 group 结合使用，构建 JSON 对象并将其发送至/messages 列表。对此，切换至当前应用程序并编写一条消息，如图 8.45 所示。

（6）按下 Enter 键并确保从输入元素中删除消息。同时借助于 Firebase Realtime Database，消息列表将从服务器中被更新，如图 8.46 所示。

（7）查看 Firebase 控制台可以看到，其中包含了新的条目，如图 8.47 所示。

尝试操作另一个聊天群并写入消息。此时仅可看到与该所选群对应的消息。

另外，读者还可尝试更新用户界面，以使其对用户更加友好。

图 8.45

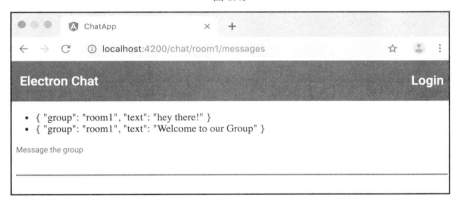

图 8.46

图 8.47

8.12.1　更新消息列表界面

当前，我们显示了消息的原始 JSON 内容，下面将采用 Material List 替换这些内容。此外，还需要添加一个链接，以便可返回至聊天群列表。

（1）利用下列代码替换 messages.component.html 文件中的 ul 元素。

```
<button mat-button [routerLink]="['/chat']">Back to Groups</button>

<mat-list>
  <h3 mat-subheader>{{ group }}</h3>
  <mat-list-item *ngFor="let message of messages | async">
    {{ message.text }}
  </mat-list-item>
</mat-list>
```

（2）上述代码的输出结果如图 8.48 所示。

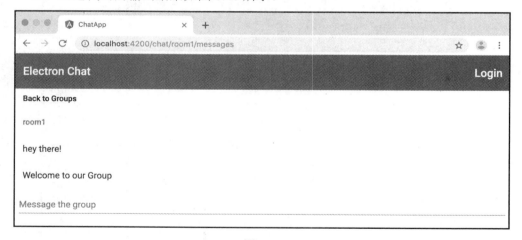

图 8.48

至此，我们完成了聊天群之间的导航工作，同时，消息列表看起来也更加简洁。接下来探讨一下当前项目的改进之处。

8.12.2　进一步改进

首先是通过创建日期对消息进行排序。前述内容讨论了如何通过群名过滤消息，相应地，可更新代码，并在每次向服务器创建和发送消息时将生成的日期属性赋予 now。

此外还可更新列表查询，并按照日期进行排序。对此，读者可访问 https://github.com/ angular/angularfire2/blob/master/docs/rtdb/querying-lists.md 以了解更多内容。

另一个重要特性是保存发送者的信息。我们可以从身份验证层中检索当前的用户名，并将其作为消息对象的部分内容予以保存。据此，即可在用户界面中显示作者名。Google Firebase 和 AngularFire 文档中包含了大量的示例，读者可在此基础上进行各种尝试。

稍后将通过 Electron Shell 验证应用程序是否可正常工作和打包。

8.13　验证 Electron Shell

本节将验证应用程序是否可打包。

（1）切换至 index.html 文件，并确保基本路径包含相应值，如下所示。

```
<base href="./" />
```

（2）运行 npm run serve 命令。稍作等待直至服务器启动，并在独立的 Terminal 或 Command Prompt 窗口中运行 npm start 命令。

（3）通过证书测试 Login 对话框，确保可以看到群列表和消息，如图 8.49 所示。

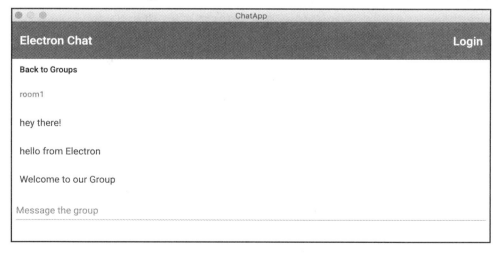

图 8.49

至此，我们创建了基本的聊天应用程序，读者可对此进行扩展和改进。

8.14　本 章 小 结

本章介绍了 Google Firebase 服务并构建了一个聊天应用程序，并将数据存储于实时数据库中。

此外，我们还学习了如何配置数据库以及构建用户界面——当数据库更新后，该界面也将自动更新。其间，我们创建了一个群/聊天室列表，并通过服务器端数据进行渲染。而且，本章还提供了显示特定聊天群消息的支持。

当前，我们可根据电子邮件和密码证书，并通过定制的注册供应商设置身份验证层。

第 9 章将构建一个 eBook 编辑器，并以此创建 PDF 格式的书籍。

第 9 章 构建 eBook 编辑器和生成器

本章将构建一个 Electron 应用程序，并允许用户创作标记文档并生成电子书。其间，我们将学习如何在 Electron 应用程序中使用微软公司发布的 Monaco Editor，以及如何通过 Docker 容器使用 Pandoc（https://pandoc.org/）处理文本。

这里的问题是，为何使用 Pandoc 作为 Docker 容器，而不是一个独立的安装？其原因在于，Pandoc 工具的安装内容十分庞大，且安装过程取决于使用的平台类型。此外，可能还需要安装各种其他工具，并保持其最新状态。

通过 Docker，我们可得到跨平台的 Pandoc 镜像。不仅如此，容器还将与操作系统隔离。当机器不再需要 Pandoc 时，可删除其容器和镜像，进而确保文件系统中不再包含无用文件。

当需要新版本的工具时，可从 Docker 注册表中获取新的镜像，以使新工具处于运行状态。其间不会涉及额外的安装步骤。最终，项目的构建时间大约为两个小时。

本章主要涉及以下主题。

❏ 创建项目结构。
❏ 更新代码并使用 React Hooks。
❏ 控制键盘快捷方式。
❏ 集成应用程序菜单。
❏ 设置书籍生成器。
❏ 从 Electron 中调用 Docker 命令。
❏ 生成 PDF 电子书。
❏ 生成 ePub 电子书。

接下来将根据 React Web 应用程序构建项目结构。

9.1 技 术 需 求

在开始本章内容之前，读者需要配备一台运行 macOS、Windows 或 Linux 的笔记本电脑或桌面电脑。

本章需要安装下列软件。

❏ Git 版本控制系统。

❏　基于 NPM 的 Node.js。

❏　免费、开源的代码编辑器 Visual Studio Code。

读者可访问 GitHub 存储库查看本章的代码文件，对应网址为 https://github.com/ PacktPublishing/Electron-Projects/tree/master/Chapter09。

9.2　创建项目结构

本节将创建新的项目结构，并使用 React 视图库设置前端。除此之外，我们还将设置 Monaco Editor 及其基于 Electron 应用程序的 React 封装器组件。

在项目的设置过程中，我们将重点介绍以下内容。

❏　利用官方 create-react-app 工具生成新的 React 应用程序。

❏　安装微软公司发布的 Monaco Editor。

❏　配置和测试 Web 应用程序。

❏　集成 Electron 封装器并验证是否可正常工作。

下面首先讨论如何生成新的应用程序。

9.2.1　生成新的 React 应用程序

当创建新的 Electron 项目时，最为重要的一部分是确定使用的堆栈和工具。针对当前项目，我们将使用 React 视图库以及流行的 create-react-app，进而可在几秒内生成一个完整的应用程序结构。

下面生成名为 ebook-generator 的新应用程序。

（1）运行下列代码并生成新的 React 应用程序。

```
npx create-react-app ebook-generator
```

对应输出结果如下。

```
Compiled successfully!

You can now view ebook-generator in the browser.

  Local:            http://localhost:3000/
  On Your Network:  http://192.168.0.10:3000/

Note that the development build is not optimized.
To create a production build, use yarn build.
```

（2）切换至 project 文件夹，并利用下列命令运行项目。

```
cd ebook-generator
npm start
```

（3）当访问 http://localhost:3000 时，对应结果如图 9.1 所示。

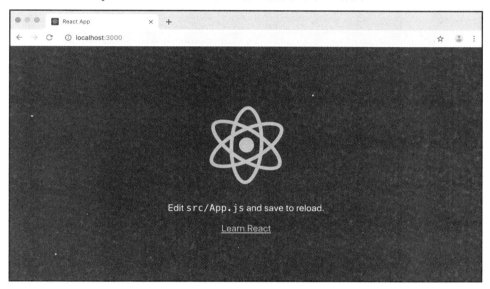

图 9.1

接下来安装 Monaco Editor 组件，并将其与基于 Electron 的 React 应用程序集成。

9.2.2　安装编辑器组件

当与 Monaco Editor 完全集成时，需要弹出（eject）React 应用程序。关于弹出过程，读者可参考 React 文档，对应网址为 https://create-react-app.dev/docs/available-scripts#npm-runeject。编辑器的安装步骤如下。

（1）运行下列命令。

```
npm run eject
```

该工具将向用户询问确认信息，此处按下 y 键予以确认。

```
$ react-scripts eject
NOTE: Create React App 2+ supports TypeScript, Sass, CSS Modules
and more without ejecting:
```

```
https://reactjs.org/blog/2018/10/01/create-react-app-v2.html

? Are you sure you want to eject? This action is permanent. (y/N)
```

（2）安装 monaco-editor 库。

```
npm i monaco-editor
```

（3）设置 react-monaco-editor 依赖项。这是一个组件库，并针对 Monaco Editor 组件提供了 React 绑定机制。运行下列命令安装依赖项。

```
npm i react-monaco-editor
```

monaco-editor 库的配置过程稍显复杂。对此，存在一个名为 monaco-editor-webpack-plugin 的项目，可以节省手动操作所花费的时间和精力。

（4）执行下列命令安装 webpack 插件库。

```
npm i monaco-editor-webpack-plugin
```

（5）当集成 monaco-editor-webpack-plugin 库时，需要更新 config/webpack.config.js 文件。对此，在该文件结尾处导入 MonacoWebPlugin 类型，如下所示。

```
const MonacoWebpackPlugin = require('monaco-editor-webpack-plugin');
```

（6）查找配置文件的 plugins 部分。该文件较大，因此需要使用文本搜索功能。相应地，HtmlWebpackPlugin 如图 9.2 所示。

```
495        ],
496      },
497      plugins: [
498        // Generates an `index.html` file with the <script> injected.
499        new HtmlWebpackPlugin(
500          Object.assign(
501            {},
502            {
503              inject: true,
504              template: paths.appHtml,
505            },
506            isEnvProduction
507              ? {
508                  minify: {
509                    removeComments: true,
510                    collapseWhitespace: true,
511                    removeRedundantAttributes: true,
512                    useShortDoctype: true,
513                    removeEmptyAttributes: true,
514                    removeStyleLinkTypeAttributes: true,
```

图 9.2

（7）在 plugins 部分的开始处（HtmlWebpackPlugin 的上方）插入 new MonacoWebpackPlugin()，如图 9.3 所示。

```
496        },
497        plugins: [
498          new MonacoWebpackPlugin(),
499          // Generates an `index.html` file with the <script> injected.
500          new HtmlWebpackPlugin(
501            Object.assign(
502              {},
503              {
504                inject: true,
505                template: paths.appHtml,
506              },
507              isEnvProduction
508                ? {
509                    minify: {
510                      removeComments: true,
511                      collapseWhitespace: true,
512                      removeRedundantAttributes: true,
513                      useShortDoctype: true,
514                      removeEmptyAttributes: true,
515                      removeStyleLinkTypeAttributes: true,
516                      keepClosingSlash: true,
517                      minifyJS: true,
```

图 9.3

（8）在文件结尾处添加下列代码并更新 index.css 文件。

```
html, body, #root {
  height: 100%;
  width: 100%;
}
```

（9）利用下列代码替换 App.css 文件。

```
.App {
  width: 100%;
  height: 100%;
}
```

（10）创建新的 Editor.js 文件，以便存储编辑器组件及其配置设置。

（11）从 react-monaco-editor 命名空间中导入 MonacoEditor 对象，如下所示。

```
import MonacoEditor from 'react-monaco-editor';
```

本章将使用一个函数型 React 组件。

（1）将初始组件置于 Editor.js 文件中。

```
import React from 'react';
import MonacoEditor from 'react-monaco-editor';

const Editor = () => {
  return (
    <div></div>
  );
};


export default Editor;
```

这里至少需要提供两个属性，以便可运行 MonacoEditor 组件，即 code 属性（在编辑器中显示默认的文本）和 options 属性（提供配置详细信息）。

（2）在组件函数中创建定义下列常量。

```
const Editor = () => {
  const code = '# hello';
  const options = {
    selectOnLineNumbers: true,
    minimap: {
      enabled: false
    }
  };
  return (
    <div></div>
  );
};
```

（3）出于展示和开发目的，还需要添加 editorDidMount 和 onChange 处理函数。对此，更新组件函数中的代码并添加下列函数。

```
const editorDidMount = (editor, monaco) => {
  console.log('editorDidMount', editor, monaco);
  editor.focus();
};

const onChange = (newValue, e) => {
  console.log('onChange', newValue, e);
};
```

可以看到，当引发 editorDidMount 时，将发送一条消息至控制台日志并聚焦于编辑器。每次修改文本内容时，将执行 onChange 函数，并将事件的详细信息发送至控制台输出。

（4）利用全部所需属性渲染 MonacoEditor 组件。

```
return (
    <MonacoEditor
        language="markdown"
        theme="vs-dark"
        value={code}
        options={options}
        onChange={onChange}
        editorDidMount={editorDidMount}
    />
);
```

（5）Editor 组件中的最终代码如图 9.4 所示。

```
1    import React from 'react';
2    import MonacoEditor from 'react-monaco-editor';
3
4    const Editor = () => {
5      const code = '# hello';
6      const options = {
7        selectOnLineNumbers: true,
8        minimap: {
9          enabled: false
10       }
11     };
12
13     const editorDidMount = (editor, monaco) => {
14       console.log('editorDidMount', editor, monaco);
15       editor.focus();
16     };
17
18     const onChange = (newValue, e) => {
19       console.log('onChange', newValue, e);
20     };
21
22     return (
23       <MonacoEditor
24         language="markdown"
25         theme="vs-dark"
26         value={code}
27         options={options}
28         onChange={onChange}
29         editorDidMount={editorDidMount}
30       />
31     );
32   };
33
34   export default Editor;
```

图 9.4

（6）利用下列代码替换 App.js 文件中的内容。

```
import React from 'react';
import './App.css';
import Editor from './Editor';

function App() {
  return (
    <div className="App">
      <Editor></Editor>
    </div>
  );
}

export default App;
```

接下来将测试并查看组件。

9.2.3　测试 Web 应用程序

本节将测试应用程序的 Web 部分，并查看组件的行为方式。

（1）利用 npm start 命令运行应用程序，对应结果如图 9.5 所示。

图 9.5

ⓘ注意：

Editor 组件提供的 # hello 值为默认文本内容。

（2）访问 https://microsoft.github.io/monaco-editor/，如图 9.6 所示。

（3）从下拉列表中选择 markdown 示例并复制该示例的内容。

（4）切换回应用程序，并将上述内容粘贴至文本编辑区域。

（5）当前，编辑器如图 9.7 所示。

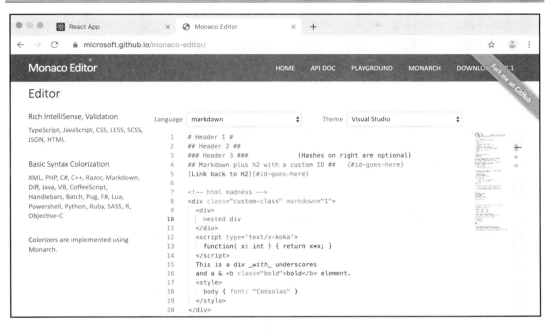

图 9.6

图 9.7

此处应注意编辑器如何格式化文本内容，同时还提供了语法高亮显示。这意味着，组件已成功处于运行状态。

9.2.4　与 Electron Shell 集成

当前应用程序处于可工作状态，在此基础上，还需要安装 Electron 依赖项，并将 Electron Shell 与代码进行连接。下面首先开始安装库并更新包文件。

（1）运行下列命令安装 Electron 依赖项：

```
npm i electron
```

（2）更新 package.json 文件并含 main 属性，确保指向 main.js 文件，如下所示。

```
{
  "name": "ebook-generator",
  "version": "0.1.0",
  "private": true,
  "main": "main.js",
  // ...
}
```

（3）在打开 package.json 文件后，更新 scripts 部分并添加 electron 脚本以调用 Shell。

```
"scripts": {
  "electron": "electron .",
  "start": "node scripts/start.js",
  "build": "node scripts/build.js",
  "test": "node scripts/test.js"
},
```

通过 npm start 命令运行 Web 服务器，并利用 npm run electron 脚本启动桌面 Shell。

（4）创建 main.js 文件并包含下列内容。

```
const { app, BrowserWindow } = require('electron');

function createWindow() {
  const win = new BrowserWindow({
    width: 800,
    height: 600,
    webPreferences: {
      nodeIntegration: true
    },
    resizable: false
```

```
  });

  win.loadURL('http://localhost:3000');
}

app.on('ready', createWindow);
```

当前，项目开发环境处于就绪状态。

（5）在并行控制台窗口中尝试运行下列命令。

```
npm start
npm run electron
```

（6）应用程序窗口如图 9.8 所示。

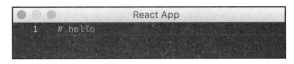

图 9.8

💡 **提示：**

当前，Electron 应用程序已配置完毕，可直接连接至 localhost:3000。此外还需要使用实时重载特性。对此，可尝试更新代码并查看应用程序内容在 Electron 窗口中的修改方式。

本节学习了如何生成一个新的 React 项目，以及安装 Monaco Editor。另外，我们还分别在浏览器和 Electron Shell 中配置了项目以供测试使用。

接下来将更新代码，以便使用新的 React Hooks 特性并加载和保存文件。

9.3　升级代码并使用 React Hooks

在讨论键盘处理机制之前，本节将对 Editor 实现稍作修改以便使用 React Hooks，进而简化代码在加载保存期间的有效处理方式。

React Hooks 是一个较新的特性，如果读者从事过 React 开发，一定会对 React Hooks 有所熟悉。

ℹ️ **注意：**

关于 React Hooks，读者可访问 https://reactjs.org/docs/hooks-intro.html 以查看更多内容。

其中，最为重要的钩子（hook）是 useState，我们将在项目中大量地使用。下面导入并使用 useState 钩子，并针对代码提供一组 getter 和 setter 方法。

（1）从 react 命名空间中导入 useState 钩子。

```
import React, { useState } from 'react';
```

（2）利用 useState 钩子替换 code 变量初始化器。

```
// let code = '# hello world';
const [code, setCode] = useState('# hello world');
```

（3）更新 onChange 处理程序，以便根据 Monaco Editor 的状态设置 code 值。

```
const onChange = newValue => {
    console.log('onChange', newValue);
    setCode(newValue);
};
```

在了解了如何设置和使用 React Hooks 后，下面将实现键盘操作机制。

9.4　控制键盘快捷方式

利用 Monaco Editor，我们可提供自定义命令并处理组合键。例如，Open 命令的格式如下。

```
editor.addCommand(monaco.KeyMod.CtrlCmd | monaco.KeyCode.KEY_O, () => {
  // do something
});
```

🛈 注意：

在 macOS 和其他操作系统(如 Windows 和 Linux)中，同一命令可分别表示为 Cmd+O 和 Ctrl+O，后续内容将遵循这一规定。

下面针对 Open 和 Save 函数创建两个存根（stub），并分别通过 Ctrl+O/Cmd+O 和 Ctrl+S/Cmd+S 命令进行处理。

（1）在 Editor.js 文件中，更新 editorDidMount 处理程序，如下所示。

```
const editorDidMount = (editor, monaco) => {
    console.log('editorDidMount', editor, monaco);
    editor.focus();

    editor.addCommand(monaco.KeyMod.CtrlCmd | monaco.KeyCode.KEY_O,
```

```
() => {
    console.log('open');
  });

  editor.addCommand(monaco.KeyMod.CtrlCmd | monaco.KeyCode.KEY_S,
() => {
    console.log('save');
  });
};
```

（2）运行 Web 应用程序并检查开发工具。此外，该操作还可在 Electron Shell 中进行。

（3）尝试在编辑器中使用 Cmd+O 和 Cmd+S 组合键。这里应注意命令与键盘事件的处理方式，以及消息与控制台输出之间的记录方式，如图 9.9 所示。

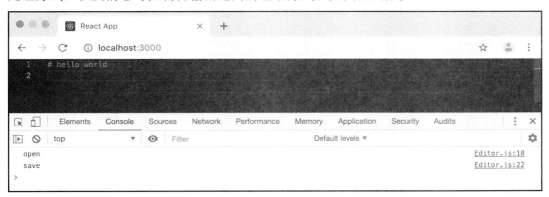

图 9.9

下面，针对 Cmd+O 实现其处理程序，并添加文件加载功能。

9.4.1　加载文件

本节将提供文件加载支持。

注意：

关于键盘处理机制和 Open Dialog，读者可参考第 2 章中的内容。

出于简单考虑，下面将通过客户端处理文件加载，而非将事件重定向至 Node.js。

（1）利用额外的 div 元素和 container 类名封装 MonacoEditor 元素，如下所示。

```
return (
    <div className="container">
```

```
    <MonacoEditor
      language="markdown"
      theme="vs-dark"
      value={code}
      options={options}
      onChange={onChange}
      editorDidMount={editorDidMount}
    />
  </div>
);
```

（2）更新 App.css 文件，并包含 container，进而占据整个窗口。

```css
.App,
.container {
  width: 100%;
  height: 100%;
}
```

通常情况下，触发文件对话框的编程方式是设置一个隐藏的 input type=file 元素，并包含全部所需设置项，并于随后调用其 click 事件。

（3）在 React 中，我们需要持有一个指向 input 元素的引用，对此可定义一个 fileInputRef 常量。更新 Editor.js 文件并在其结尾处插入 fileInputRef 常量。

```js
import React, { useState, useRef } from 'react';

const Editor = () => {
  const [code, setCode] = useState('# hello world');
  const fileInputRef = useRef();

  // ...
}
```

（4）接下来需要一个隐藏的 file 类型的 input 元素，且仅接收 text/markdown 类型。另外，input 元素还应连接至 fileInputRef 常量上，以便从代码中触发其方法。在 return 代码块中，input 元素的设置方式如下。

```js
<div className="container">
    <input
      ref={fileInputRef}
      type="file"
      style={{ display: 'none' }}
      accept="text/markdown"
```

```
    onChange={onFileOpened}
    ></input>

    <MonacoEditor ... />
</div>
```

可以看到，input 元素还需要使用 onFileOpened 处理程序。

（5）针对 onFileOpened 函数添加下列实现内容。

```
const onFileOpened = event => {
    if (event.target.files && event.target.files.length > 0) {
        const firstFile = event.target.files[0];

        const fileReader = new FileReader();
        fileReader.onload = e => setCode(e.target.result);
        fileReader.readAsText(firstFile);

        event.target.value = null;
    }
};
```

上述代码具有自解释性。其中，我们使用第 1 个文件和 FileReader API 获取其文本内容。文件内容加载完毕后，可调用 setCode 钩子更新代码状态。

此外还存在一个 code 钩子，并绑定于 MonacoEditor.value 属性上。这意味着，一旦通过 setCode 钩子设置了对应值，Monaco Editor 即可获得此类变化内容并更新自身。

（6）最后一部分内容是将 Cmd+O（或 Ctrl+O）与对话框连接。更新 editorDidMount 实现并调用 click，如下所示。

```
editor.addCommand(monaco.KeyMod.CtrlCmd |
monaco.KeyCode.KEY_O, () => {
  fileInputRef.current.click();
});
```

至此，文件的加载和运行暂告一段落。下面将对实现结果进行测试。

（1）利用 npm start 命令启动应用程序。

（2）按下 Cmd+O（macOS 环境）或 Ctrl+O（其他环境）组合键。

（3）在最终的对话框中选择标记文件。

ℹ️ 注意：

之前保存了一个 Monaco Editor 示例（https://microsoft.github.io/monaco-editor/）。读者还可在 GitHub 上查找其他标记文件，如 README.md 文件，并采用本地方式保存文件。

（4）确保编辑器正确地加载和显示文件，如图 9.10 所示。

图 9.10

接下来实现 Cmd+S 处理程序，并添加文件保存功能。

9.4.2　保存文件

本节将讨论文件保存功能。类似于文件的 Open 功能，Web 开发人员需要执行某些简单的变通方法以从代码中调用文件下载特性。

对此，较为常见的方式是动态创建一个不可见的超链接元素，且针对文件名设置 download 属性，随后调用一项单击操作。这也是当前项目的实现方式。

（1）更新 Editor.js 文件中的代码，并添加 saveFile 函数。

```
const saveFile = contents => {
    const blob = new Blob([contents], { type: 'octet/stream' });
    const url = window.URL.createObjectURL(blob);

    const a = document.createElement('a');
    document.body.appendChild(a);
    a.style.display = 'none';
    a.href = url;
    a.download = 'markdown.md';
    a.click();

    window.URL.revokeObjectURL(url);
    document.body.removeChild(a);
};
```

上述代码定义了一个帮助函数 saveFile(contents)，该函数作为输入接收一个字符串值，并调用名为 markdown.md 的下载文件。

为了确保 saveFile 函数正常工作，此处将采用所有 Web 浏览器支持的 URL.createObjectURL API。这一静态方法允许我们通过嵌入其中的文件内容创建一个 URL 对象。随后，可将该 URL 传递至动态链接元素，并调用单击事件。

🛈 注意：

关于 URL.createObjectURL 静态方法，读者可访问 https://developer.mozilla.org/en-US/docs/Web/API/URL/createObjectURL 以了解更多内容。

（2）复用刚刚创建的函数。更新 editorDidMount 函数，并在按下 Cmd+S（或 Ctrl+S）组合键时调用 saveFile 函数。

```
editor.addCommand(monaco.KeyMod.CtrlCmd | monaco.KeyCode.KEY_S, ()
=> {
    const code = editor.getModel().getValue();
    saveFile(code);
});
```

（3）运行应用程序并尝试利用刚刚提供的组合键保存文件，如图 9.11 所示。注意，如果多次下载同一文件，那么浏览器将自动更改其名称。

这可视为传统的浏览器操作行为。

如果在 Electron Shell 中运行同一段代码，情况可能会有所不同。默认条件下，Electron 将询问按下 Cmd+S（或 Ctrl+S）组合键后文件的存放位置，如图 9.12 所示。

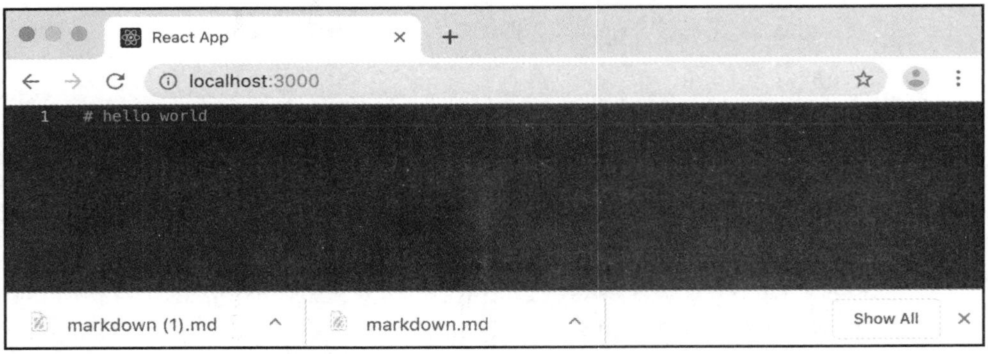

图 9.11

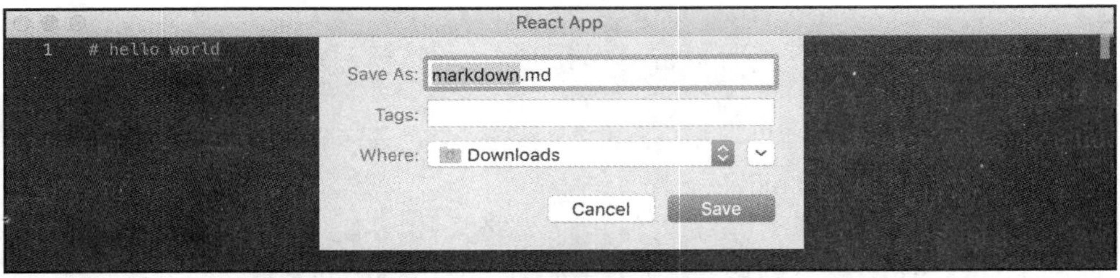

图 9.12

此时，Save 和 Open 可正常工作，且可操作多个文档并生成文件的副本。
接下来将讨论应用程序菜单的集成。

9.5　集成应用程序菜单

本节将提供应用程序菜单方面的支持。出于简单考虑，当前仅集成 Open 和 Save 特性，并在向应用程序引入新特性时对该菜单进行扩展。

🛈 注意：
关于菜单的协同工作方式，读者可参考第 2 章。

（1）在项目的根文件夹中，利用下列内容创建 menu.js 文件。

```
const { Menu, BrowserWindow, dialog } = require('electron');
const fs = require('fs');

module.exports = Menu.buildFromTemplate([
```

```
  {
    label: 'File',
    submenu: [
      {
        label: 'Open',
        accelerator: 'CommandOrControl+O',
        click() {
          loadFile();
        }
      },
      {
        label: 'Save',
        accelerator: 'CommandOrControl+S',
        click() {
BrowserWindow.getFocusedWindow().webContents.send('commands', {
            command: 'file.save'
          });
        }
      }
    ]
  }
]);
```

可以看到，这里利用 Open 和 Save 项声明了一个 File 菜单（macOS 上的应用程序菜单）。除了向客户端代码发送 JSON 负载，每个菜单项不执行任何操作。

为了使处理过程更加简单、通用，这里引入了一项规则，即每项负载包含一个 command 参数，以及客户端需要执行的动作键。具体来说，当打开文件时，我们采用 file.open 键；而保存文件时，则使用 file.save 键。

💡 提示：

稍后还将引入更多的命令。相应地，客户端的命令处理程序无须执行重写或重构操作。

（2）添加 loadFile 函数实现，如下所示。

```
function loadFile() {
  const window = BrowserWindow.getFocusedWindow();
  const options = {
    title: 'Pick a markdown file',
    filters: [{ name: 'Markdown files', extensions: ['md'] }]
  };
  dialog.showOpenDialog(window, options, paths => {
    if (paths && paths.length > 0) {
```

```
      const content = fs.readFileSync(paths[0]).toString();
      window.webContents.send('commands', {
        command: 'file.open',
        value: content
      });
    }
  });
}
```

这里，我们通过 file.open 命令和一个 value 属性调用本地 Open Dialog，读取文件，并将其发送回客户端代码。

ℹ️ **注意：**

这里需要使用一个本地对话框，因为当代码与用户交互无关时，现代浏览器不允许我们调用与文件相关的操作。然而，考虑到安全因素，Node.js 进程和 Chrome 进程间的消息发送并不适用于 input type=file 元素。因此，我们采用主进程中的本地代码，并利用相关结果提供渲染进程。

（3）当启用在 menu.js file 文件中声明的应用程序菜单时，需要更新 main.js 文件。对此，从 electron 空间中导入 Menu，并以此构建自定义菜单实例，如下所示。

```
const { app, BrowserWindow, Menu } = require('electron');
const menu = require('./menu');

Menu.setApplicationMenu(menu);

function createWindow() {
  // ...
}

app.on('ready', createWindow);
```

（4）在客户端，需要实现一个通用的命令处理函数。对此，更新 Editor.js 文件并添加 handleCommand 函数，如下所示。

```
const handleCommand = payload => {
    if (payload) {
      switch (payload.command) {
        case 'file.open':
          setCode(payload.value || '');
          break;
        case 'file.save':
```

```
        saveFile(code);
        break;
    default:
        break;
    }
  }
};
```

上述代码易于理解。当使用 file.open 命令时，可得到 payload.value 并将其传递至 setCode 钩子。另外，一旦 file.save 命令到达，我们将调用 saveFile 函数。

（5）更新 Editor 组件函数，进而处理相应的命令。这里建议添加一些安全检测措施，以确保代码兼容于两种浏览器和 Electron 应用程序。对此，可在 handleCommand 函数之后添加下列函数。

```
if (window.require) {
    const electron = window.require('electron');
    const ipcRenderer = electron.ipcRenderer;

    ipcRenderer.on('commands', (_, args) => handleCommand(args));
}
```

上述代码是一个较好的跨应用程序兼容示例。当在 Electron Shell 运行代码时，代码将查找 window.require 对象，并执行附加的配置工作。当与常规浏览器运行应用程序时（其中缺少 window.require），代码执行将不会中断。

（6）通过 npm run electron 命令运行 Electron Shell，并查看应用程序菜单，如图 9.13 所示。

图 9.13

（7）单击 Open 菜单项，进而将标记文件正确地加载至编辑器中。

当前，我们将能够把应用程序菜单中的命令发送回客户端代码。

接下来学习如何在标记内容之外生成电子书。

9.6　设置电子书生成器

本节将准备 PDF 和电子书生成环境。随后将安装 Docker，这一容器化软件允许我们跨平台运行应用程序。

　　一旦安装并运行了 Docker，我们将下载并运行 Pandoc，这是一种通用的文档转换工具，并作为本地机器上的容器。

　　Pandoc 工具可将多种不同的文本格式转换为另一种格式。其中，标记就是其所支持的一种格式，可用于当前 Electron 编辑器应用程序中。

　　接下来讨论 Docker 的安装过程。

9.6.1　安装 Docker

　　本节将安装桌面 Docker，这里存在两个版本的 Docker，即企业版和社区版。社区版是免费的但对于开发来说已然足够，因为该版本可较好地处理各种场景。

　　（1）访问官方网站 https://www.docker.com/，其登录页面如图 9.14 所示。

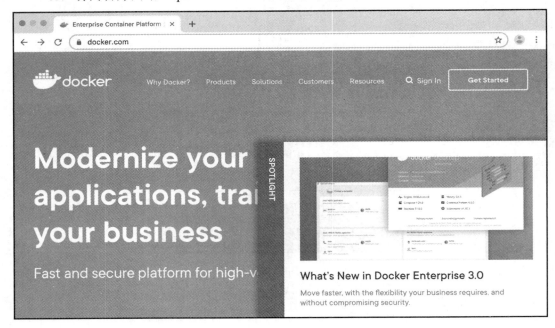

图 9.14

🔆 提示：
　　如果读者之前从未接触过 Docker，建议阅读网站中的文档和指南。

　　（2）在页面上方单击 Products，此时可以看到 Desktop 选项，如图 9.15 所示。

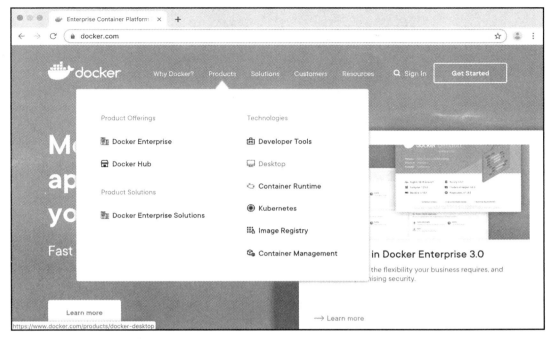

图 9.15

（3）单击 Desktop 选项。

注意：

此外，读者还可访问 https://www.docker.com/products/docker-desktop 以查看与 Docker 相关的更多信息。

在 Docker Desktop 页面中，我们可以观看操作视频或者下载安装包。

（4）单击 Download Desktop for Mac and Windows 按钮。注意，该按钮名称容易令人误解，通常会重定向至 Docker Hub 站点。这里，建议读者注册一个免费的 Docker Hub 账户。

（5）一旦登录至 Docker Hub，即可看到真正的下载按钮，如图 9.16 所示。

（6）在 Quick Start 对话框中，可以看到针对 macOS 和 Windows 环境的下载链接，如图 9.17 所示。

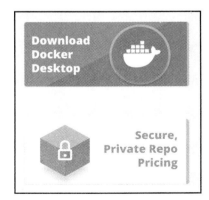

图 9.16

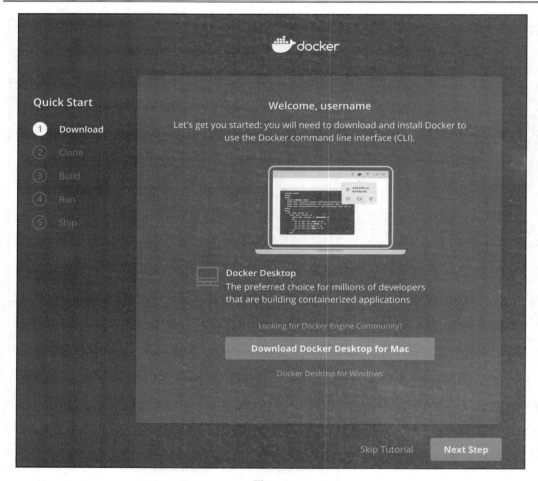

图 9.17

💡提示：

此外，还可使用 macOS 的直接链接 https://download.docker.com/mac/stable/Docker.dmg，或者 Windows 的直接链接 https://download.docker.com/win/stable/Docker%20for%20Windows%20Installer.exe。

当前示例将下载并启动 macOS 环境下的安装程序，如图 9.18 所示。

其间，可遵循操作系统的相关指令。如果读者对 Docker 社区版的安装和配置存在疑问，可参考在线文档。

接下来将测试 Pandoc 容器并进行实地考查。

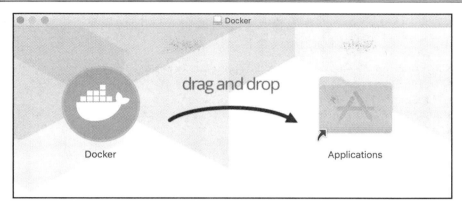

图 9.18

9.6.2　运行 Pandoc 容器

考虑到任何用户均可通过应用程序和工具创建 Docker 镜像，因而互联网上会出现多种 Pandoc 实现版本。对此，读者可访问本书的 GitHub，其中准备了一个稳定的示例版本，对应网址为 https://github.com/DenysVuika/pandoc-docker。

📍 注意：

这一部分的镜像内容最初从 https://github.com/jagregory/pandoc-docker 处分支，其信用源自作者 James Gregory。在本章所采用的版本中，我们使基础镜像和 Pandoc 库处于最新状态。

下面学习转换处理的工作方式。

（1）启动 Docker。

（2）访问 Monaco Editor 示例页面（https://microsoft.github.io/monaco-editor/），并复制 markdown 示例中的内容。

（3）使用 test.md 这一名称将 markdown 示例保存于本地磁盘上。

（4）在 Terminal 窗口中，访问 test.md 文件并运行下列命令。

```
// for Linux and macOS
docker run -v 'pwd':/source denysvuika/pandoc -f markdown -t html5
test.md -o test.html

// for Windows
docker run -v %cd%:/source denysvuika/pandoc -f markdown -t html5
test.md -o test.html
```

这里，我们使用 test.md 作为输入，并通过 denysvuika/pandoc 将其转换为名为 VDEHTML5 的页面，对应的输出结果如下。

```
Unable to find image 'denysvuika/pandoc:latest' locally
latest: Pulling from denysvuika/pandoc
bc9ab73e5b14: Pull complete
d553ba08f210: Pull complete
a5e51e378eb4: Pull complete
858ca3975bae: Pull complete
c3ecb06ceeb4: Pull complete
Digest:
sha256: 010d68dcc6a3de0a8ca2a6b812ccd5be16b515524270fb4996413990a6e50776
Status: Downloaded newer image for denysvuika/pandoc:latest
```

💡 提示：

由于 Docker 下载并缓存图像，因而首次运行时将占用些许时间；而后续的运行速度将明显提升。

（5）当检查输入文件夹时，即可看到 test.html 文件。在浏览器中打开该文件并检查其内容，如图 9.19 所示。

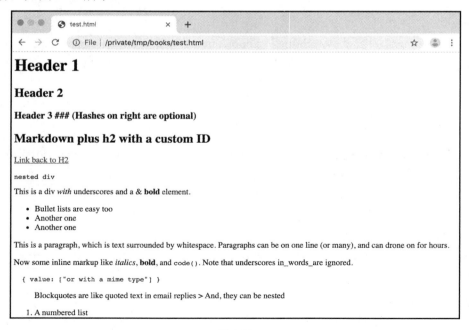

图 9.19

当前，我们已经成功地从标记文件中生成了 HTML 输出结果。读者可尝试修改标记文件的内容，并将其转换为 HTML5。另外，读者还可访问 https://pandoc.org/查看全部转换场景。

9.6.3　将文档发送至主进程（Node.js）

本节将讨论如何将文档发送至主进程。

（1）将 ipcMain 导入 menu.js 文件中。

```
const { Menu, BrowserWindow, dialog, ipcMain } =
require('electron');
```

此处需要实现 saveFile 函数，第 2 章曾对此有所介绍。

（2）将下列代码添加到 menu.js 文件中。

```
function saveFile(contents) {
  const window = BrowserWindow.getFocusedWindow();
  const options = {
    title: 'Save markdown file',
    filters: [
      { name: 'MyFile', extensions: ['md'] }
    ]
  };
  dialog.showSaveDialog(window, options, filename => {
    if (filename) {
      fs.writeFileSync(filename, contents);
    }
  });
}
```

saveFile 函数需要一个 contents 参数，进而在该参数中传递标记文件的内容。随后该函数将显示系统的保存对话框（Save Dialog），并可在其中选择目标位置进而将文件保存至本地磁盘。

我们将监听 save 通道，以便调用 saveFile 函数。渲染器（Chrome）部分当前应将标记的内容发送至 save 通道以初始化保存对话框。

（3）利用监听器代码更新 menu.js 文件，如下所示。

```
ipcMain.on('save', (_, contents) => {
  saveFile(contents);
});
```

（4）当前需要更新客户端部分。此时，可以选择移除之前的代码或者持有双重行为。

对于双重行为，我们可利用常规的浏览器保存文件；此外，当运行 Electron Shell 时，还可将文件内容发送至 Ndoe.js，

具有双重行为的代码可用简单的 if...else 语句创建，如下所示。

```
const saveFile = contents => {
   if (window.require) {
     // send to the node.js
   } else {
     // invoke download of the file
   }
 };
```

（5）根据下列代码更新 Editor.js 文件的 saveFile 实现。

```
const saveFile = contents => {
   // save via node.js process
   if (window.require) {
     const electron = window.require('electron');
     const ipcRenderer = electron.ipcRenderer;

     ipcRenderer.send('save', contents);
   }
   // save via the browser
   else {
     // ...
   }
};
```

（6）运行 Web 服务器并使用浏览器测试 Cmd+S 或 Ctrl+S 特性。

（7）利用 npm run electron 命令运行 Electron Shell，并再次执行相同的测试。此时，一切均按照期望的方式运行。

稍后将讨论如何将 HTML 转换到应用程序中。类似于 save 通道，可针对内容转换引入独立的消息通道。

（1）将新的组合键置于应用程序中，出于简单考虑，此处使用 Shift+Cmd+H 组合键生成 HTML。本章稍后将使用 Shift+Cmd+P 生成 PDF 文件。

（2）利用新的键盘处理程序更新 editorDidMount 函数实现。

```
editor.addCommand(
     monaco.KeyMod.CtrlCmd | monaco.KeyMod.Alt |
monaco.KeyCode.KEY_H,
     () => {
     const code = editor.getModel().getValue();
```

```
            generateHTML(code);
        }
    }
);
```

（3）创建 generateHTML 函数以便将代码编辑器的标记内容发送至 generate 通道。

```
const generateHTML = contents => {
    if (window.require) {
        const electron = window.require('electron');
        const ipcRenderer = electron.ipcRenderer;

        ipcRenderer.send('generate', {
            format: 'html',
            text: contents
        });
    }
};
```

这里应注意我们是如何将格式作为有效负载选项传递的。这允许我们在决定为多种格式提供支持时，为所有类型的格式提供一个通道。这也简化了 Node.js 进程，因为可以使用一个函数解析有效负载并调用不同的特性。

（4）利用下列存根更新 menu.js 文件中的代码。

```
ipcMain.on('generate', (_, payload) => {
    if (payload && payload.format) {
        switch (payload.format) {
            case 'html':
                generateHTML(payload.text);
                break;
            default:
                break;
        }
    }
});

function generateHTML(contents) {
    // todo: implementation
}
```

可以看到，上述代码更具通用性，并可针对不同格式扩展相关支持，且无须重写代码的重要部分。

接下来将使用 Docker 并从标记中生成 HTML 输出结果，随后调用浏览器查看结果。

9.7　从 Electron 中调用 Docker 命令

前述内容已从标记源中生成了 HTML 示例文件，对此，可使用下列命令实现这一操作。

```
docker run -v 'pwd':/source denysvuika/pandoc -f markdown -t html5 test.md
-o test.html
```

编辑器需要执行下列步骤，进而采用编程方式实现相同的命令。

- ❑　将标记文本发送到 Node.js 进程中。
- ❑　将标记文本保存到本地磁盘中。
- ❑　调用 Docker 命令生成 HTML 输出结果。
- ❑　利用最终结果打开浏览器（可选）。

下面开始讨论如何将标记文本发送到 Node.js 进程。

9.7.1　将标记文本发送至 Node.js 进程

主进程中的 generate 通道负责监视消息，如果格式参数中包含 html 值，则调用 generateHTML 函数。

当前，全部工作是将标记上下文保存至临时位置处。

9.7.2　将标记文本保存到本地磁盘

本节将把标记保存到临时文件中，对此，需要执行下列各项步骤。

（1）从 Node.js 中导入 os 和 path 对象：

```
const os = require('os');
const path = require('path');
```

（2）导入文件生成函数。出于简单考虑，我们将定义一个简单的 happy path 函数，且不包含任何验证和安全检查操作。相应地，将下列代码添加到 menu.js 文件中。

```
function writeTempFile(contents, callback) {
  const tempPath = path.join(os.tmpdir(), 'markdown');

  fs.mkdtemp(tempPath, (err, folderName) => {
    const filePath = path.join(folderName, 'markdown.md');

    fs.writeFile(filePath, contents, 'utf8', () => {
```

```
    callback(filePath);
  });
});
}
```

💡 提示：

上述代码仅出于演示目的。稍后将对该函数加以改进，并添加错误处理机制和错误检查机制。

（3）关系 generateHTML 代码。

```
function generateHTML(contents) {
  writeTempFile(contents, fileName => {
    console.log('converting', fileName);
  });
}
```

（4）运行应用程序，并在 macOS 平台中按下 Cmd+Alt+H 组合键，或者在其他平台中按下 Ctrl+Alt+H 组合键。这里，我们仅测试函数是否可正常工作。控制台中的输出结果如下所示。

```
converting
/var/folders/6r/_zpzk77x67x5kg4h9dq8fb2w0000gp/T/markdownl9bsMt/markdo
wn.md
```

我们甚至可访问该文件并查看其内容。对应内容应等同于在编辑器中输入的文本。

接下来将学习如何在 Node.js 中调用子进程。运行子进程允许我们执行外部命令，包括控制台脚本和其他应用程序。

（5）导入 child_process 命名空间中的 exec 函数，以及 electron 中的 shell 对象，如下所示。

```
const { exec } = require('child_process');
const { shell } = require('electron');
```

这里，我们需要 shell 对象在默认浏览器中调用文件。对此，读者可访问官方文档查看详细内容，对应网址为 https://electronjs.org/docs/api/shell#shell。

（6）根据下列代码更新 generateHTML 函数实现。

```
function generateHTML(contents) {
  writeTempFile(contents, fileName => {
    const name = 'markdown';
    const filePath = path.dirname(fileName);
    const command = 'docker run -v ${filePath}:/source
denysvuika/pandoc -f markdown -t html5 ${name}.md -o
```

```
${name}.html';
    exec(command, () => {
    const outputPath = path.join(filePath, '${name}.html');
    shell.openItem(outputPath);
    }).stderr.pipe(process.stderr);
});
}
```

generateHTML 函数解释如下。

（1）首先该函数在临时文件夹中生成一个 markdown.md 及其相关内容。

（2）随后该文件生成一个 shell 命令以执行 docker 命令。这将使用 markdown.md 文件并在同一临时文件夹中生成 markdown.html 文件。

（3）代码运行 exec 函数并执行命令。一旦命令结束运行，代码将执行第 2 条命令，并利用处理.html 文件的默认程序打开最终的 markdown.html 文件。通常情况下，这一动作将触发默认的 Web 浏览器。

在某些时候，可能会在控制台输出中看到下列错误。

```
The path
/var/folders/6r/_zpzk77x67x5kg4h9dq8fb2w0000gp/T/markdownAQbH2t
is not shared from OS X and is not known to Docker.
You can configure shared paths from Docker -> Preferences... ->
File Sharing.
```

这意味着，默认的临时文件夹未出现在 Docker 的设置项中。

（4）我们可以在 File Sharing 配置中添加额外的文件夹，如图 9.20 所示。

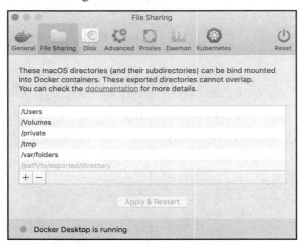

图 9.20

下面测试整个工作流。

（1）利用 npm run electron 命令运行应用程序的 Electron 版本。

（2）按下 Cmd+Alt+H（macOS）或 Ctrl+Alt+H（其他平台）组合键。图 9.21 显示了利用标记的 HTML 版本打开的浏览器。

图 9.21

现在，我们能够保存并转换标记文件，同时还了解了如何从 Node.js 进程中调用外部应用程序和执行 Shell 命令。

接下来将生成标记内容的 PDF 文件。

9.8　生成 PDF 电子书

本节将根据标记源生成 PDF 电子书。然后，应用程序用户将能够通过 Cmd+Alt+P（macOS 平台）或 Ctrl+Alt+P（其他平台）组合键生成 PDF 输出。

下面将更新代码以提供 PDF 支持。

（1）标记 Editor.js 组件，进而支持另一种组合键。

```
editor.addCommand(
     monaco.KeyMod.CtrlCmd | monaco.KeyMod.Alt |
monaco.KeyCode.KEY_P,
     () => {
     const code = editor.getModel().getValue();
     generatePDF(code);
   }
);
```

generatePDF 函数实现较为简单，除作为格式属性传递 pdf 之外，该函数与

genereateHTML 函数类似。

（2）向 Editor.js 文件中添加下列函数。

```
const generatePDF = contents => {
   if (window.require) {
     const electron = window.require('electron');
     const ipcRenderer = electron.ipcRenderer;

     ipcRenderer.send('generate', {
       format: 'pdf',
       text: contents
     });
   }
 };
```

（3）更新 menu.js 代码以匹配 PDF 格式，并从 generate 通道监听器中调用 generatePDF 函数。

```
ipcMain.on('generate', (_, payload) => {
  if (payload && payload.format) {
    switch (payload.format) {
      case 'html':
        generateHTML(payload.text);
        break;
      case 'pdf':
        generatePDF(payload.text);
      break;
      default:
        break;
    }
  }
});
```

（4）添加 generatePDF 函数。

```
function generatePDF(contents) {
  writeTempFile(contents, fileName => {
    const name = 'markdown';
    const filePath = path.dirname(fileName);
    const command = 'docker run -v ${filePath}:/source
denysvuika/pandoc -f markdown -t latex ${name}.md -o ${name}.pdf';
    exec(command, () => {
      const outputPath = path.join(filePath, '${name}.pdf');
      shell.openItem(outputPath);
```

```
        }).stderr.pipe(process.stderr);
    });
}
```

我们所采用的生成和打开 PDF 的实现方法类似于 HTML 实现过程，但向 Docker 容器传递了不同的参数。

接下来测试生成结果。

（1）运行应用程序并输入标记文本，如标题、子标题或少量文本。

（2）按下 Cmd+Alt+P（macOS 平台）或 Ctrl+Alt+P（其他平台）组合键

（3）一旦生成处理过程结束，即可看到默认的 PDF 查看器，如图 9.22 所示。

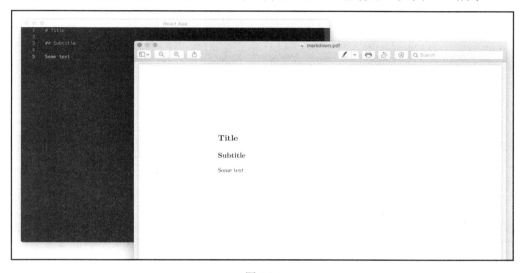

图 9.22

至此，我们从标记内容中生成了简单的 PDF 文档。

注意：

除生成 PDF 之外，Pandoc 还提供了其他功能项，如模板、纸张和字体设置等。读者可访问 https://pandoc.org/以了解更多内容。

最后，我们将学习如何从标记中生成 ePub 电子书。

9.9　生成 ePub 电子书

本节将从标记内容中创建 ePub 格式的电子书。之前曾讨论了 HTML 和 PDF 转换，相信读者对 ePub 格式转换步骤也不会感到陌生。

在浏览器端，可对函数进行适当优化，以便执行转换过程。如前所述，我们曾创建了 generateHTML 和 generatePDF 函数，并将消息发送至 generate 通道。

当仔细考查这些函数的实现过程时，可以看到仅 format 字段有所不同。因此，本节将不再定义 generateEPUB 函数，而是提升代码的复用性。

重构代码并引入 generateOutput 函数。

（1）创建 generateOutput 函数，该函数涵盖了各种生成场景。

```
const generateOutput = (format, text) => {
    if (window.require) {
        const electron = window.require('electron');
        const ipcRenderer = electron.ipcRenderer;

        ipcRenderer.send('generate', {
            format,
            text
        });
    }
};
```

（2）更新键盘处理程序，以便复用刚刚创建的通用函数。

```
editor.addCommand(
 monaco.KeyMod.CtrlCmd | monaco.KeyMod.Alt | monaco.KeyCode.KEY_H,
 () => generateOutput(editor, 'html')
);

editor.addCommand(
 monaco.KeyMod.CtrlCmd | monaco.KeyMod.Alt | monaco.KeyCode.KEY_P,
 () => generateOutput(editor, 'pdf')
);
```

（3）鉴于不再使用，因而可移除 generateHTML 和 generatePDF 函数。下面添加新格式的转换过程，该过程较为简单。

（4）添加 Cmd+Alt+E combination 组合键（或 Ctrl+Alt+E）以便调用 ePub 生成。

```
editor.addCommand(
 monaco.KeyMod.CtrlCmd | monaco.KeyMod.Alt | monaco.KeyCode.KEY_E,
 () => generateOutput(editor, 'epub')
);
```

（5）切换至 main.js 文件，并向其中添加 generateEPUB 函数。

```
function generateEPUB(contents) {
  writeTempFile(contents, fileName => {
    const name = 'markdown';
    const filePath = path.dirname(fileName);
    const command = 'docker run -v ${filePath}:/source
denysvuika/pandoc -f markdown ${name}.md -o ${name}.epub';
 exec(command, () => {
 const outputPath = path.join(filePath, '${name}.epub');
 shell.openItem(outputPath);
 }).stderr.pipe(process.stderr);
 });
}
```

（6）更新通道监听器代码，基于 epub 格式触发正确的函数。

```
ipcMain.on('generate', (_, payload) => {
  if (payload && payload.format) {
    switch (payload.format) {
      case 'html':
        generateHTML(payload.text);
        break;
      case 'pdf':
        generatePDF(payload.text);
        break;
      case 'epub':
        generateEPUB(payload.text);
        break;
      default:
        break;
    }
  }
});
```

ℹ️ 注意：
　　关于电子书的生成过程，读者可访问 https://pandoc.org/epub.html 以了解更多内容。

（7）启动 Electron 应用程序测试最终代码。

（8）Pandoc 需要一个文档以包含某些特定的元数据，以便正确生成电子书。其中，标题值可视为最简单的情形。对此，在编辑器中更新文本，并提供 title 元数据，如下所示。

```
---
title: My First eBook
```

```
---
```

```
# hello world
```

（9）按下 Cmd+Alt+E 组合键（macOS 平台）或 Ctrl+Alt+E 组合键（其他平台）。

（10）此时操作系统应调用默认的应用程序，进而查看 epub 文件。在当前示例中，我们使用了 macOS 系统，并持有一个处于运行状态的 Books 应用程序，最终结果如图 9.23 所示。

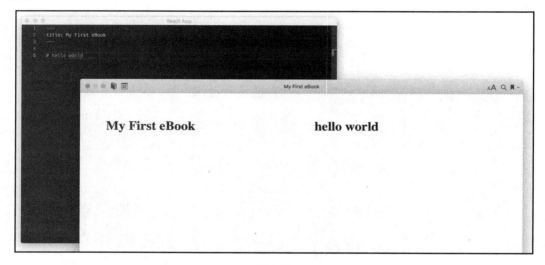

图 9.23

至此，我们完成了简单的电子书生成器实现过程。

另外，其他一些特性将留与读者以作练习。相应地，读者还可添加导出功能，从而通过保存对话框将文件导出至特定位置。除此之外，还可进一步在屏幕上显示生成错误。

9.10　本章小结

本章讨论了如何构建一个 Electron 应用程序，进而生成各种类型的文件。此外，我们还学习了如何使用 Microsoft Monaco Editor 组件完成标记编辑体验。不仅如此，本章还考查了基于 Docker 的 Pandoc 设置，以及从 Node.js 和 Electron 应用程序中调用 Shell 命令。第 10 章将介绍如何构建桌面电子钱包应用程序。

第 10 章　构建桌面数字钱包

本章将根据以太坊区块链构建一个简单的数字钱包。

本章将创建第 1 个以太坊应用程序，读者不需要具备区块链等相关知识。

其间，我们将使用 React 库以及 Ant Design 组件。此外，读者还将了解如何针对开发目的设置个人区块链。

在阅读完本章后，读者将拥有一个较好的基础项目，并可构建与以太坊区块链协同工作的金融应用程序。

本章主要涉及以下主题。

❑　利用 React 生成项目。

❑　集成 Ant Design 库。

❑　设置个人以太坊区块链。

❑　配置以太坊 JavaScript API。

❑　显示以太坊节点信息。

❑　集成应用程序菜单。

❑　渲染账户列表。

❑　显示账户余额。

❑　以太转账。

❑　打包应用程序以供发布。

下面将生成新的 React 项目，以满足数字钱包应用程序的需求。在此之前，我们将快速浏览项目的技术需求。

10.1　技 术 需 求

在开始本章内容之前，读者需要配置一台运行 macOS、Windows 或 Linux 的笔记本电脑或桌面电脑。

本章需要安装下列软件。

❑　Git 版本控制系统。

❑　基于 NPM 的 Node.js。

❑　免费、开源的代码编辑器 Visual Studio Code。

读者可访问 GitHub 存储库查看本章的代码文件，对应网址为 https://github.com/

PacktPublishing/Electron-Projects/tree/master/Chapter10。

10.2　利用 React 生成项目

启动项目的最快方式是使用 React 库和 Create React App 工具。

（1）运行下列命令，生成名为 crypto-wallet 的 React 新项目。

```
npx create-react-app crypto-wallet
cd crypto-wallet
```

（2）利用下列命令安装最新版本的 electron 库。

```
npm install -D electron
```

如前所述，典型的 Electron 应用程序需要在 package.json 文件中包含一个 main 入口。此处将使用 public/electron.js 文件，以便创建一个发布包。

（3）更新 package.json 文件并添加 main 入口。

```
{
  "name": "crypto-wallet",
  "version": "0.1.0",
  "private": true,
  "main": "public/electron.js",
  // ...
}
```

React 应用程序脚本通常会保留 start 脚本，以运行本地开发 Web 服务器。这里可使用 electron 脚本运行桌面版本。

（4）向 scripts 部分添加 electron 命令，如下所示。

```
"scripts": {
    "electron": "electron .",
    "start": "node scripts/start.js",
    "build": "node scripts/build.js",
    "test": "node scripts/test.js"
  },
```

最后需要少量代码创建 electron.js 文件，以便运行应用程序窗口。

（5）利用下列内容在 public 文件夹中创建 electron.js 文件。

```
const { app, BrowserWindow } = require('electron');

function createWindow() {
```

```
const win = new BrowserWindow({
  width: 800,
  height: 600,
  webPreferences: {
    nodeIntegration: true
  },
  resizable: false
});

win.loadURL('http://localhost:3000');
}

app.on('ready', createWindow);
```

这可视为最简单的项目配置。自此，我们可在并行的 Terminal 或 Command Prompts 窗口中通过运行下列命令测试 Web 版本。

```
npm start
npm run electron
```

当应用程序处于运行状态时，即可看到如图 10.1 所示的 Electron 窗口。

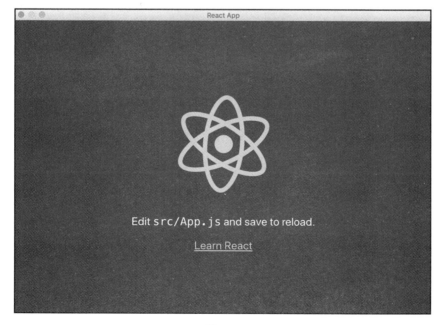

图 10.1

下面将集成 Ant Design 组件库，进而快速构建应用程序。

10.3　集成 Ant Design 库

对于数字钱包应用程序，我们将针对 React 应用程序使用 Ant Design 组件。

Ant Design 是一个设计系统，可增强企业级应用程序的用户体验。当采用 Ant Design 时，我们可访问扩展的组件集合，从而快速构建应用程序。读者可访问 https://ant.design/ 查看丰富的示例和文档。

对此，首先需要安装 Ant Design 库，随后实现包含标题、页脚、侧栏和主内容区域的传统的应用程序布局。

（1）运行下列命令，在项目中安装 antd 库。

```
npm install antd
```

ℹ️ **注意：**

存在多种方式可配置项目中的 antd。读者可访问 https://ant.design/docs/react/introduce 查看更多内容。

（2）打开 index.css 文件并向其中添加下列样式。

```
html,
body,
#root {
  height: 100%;
  width: 100%;
}
```

在上述代码中，我们使应用程序占据整个页面。除此之外，还可利用一组新的样式规则更新 App.css 文件，以使布局更加简洁。

（3）利用下列内容替换 App.css 文件内容。

```
.App {
  height: 100%;
}

.App > .ant-layout {
  height: 100%;
}
```

不仅如此，我们还将针对 Layout 组件从 Ant 中使用某些样式。

（4）添加一些附加规则以进一步优化布局。

```css
.ant-layout-header,
.ant-layout-footer {
  background: #7dbcea;
  color: #fff;
}
.ant-layout-footer {
  line-height: 1.5;
}
.ant-layout-sider {
  background: #3ba0e9;
  color: #fff;
  line-height: 120px;
}
.ant-layout-content {
  background: rgba(16, 142, 233, 1);
  color: #fff;
  min-height: 120px;
  line-height: 120px;
}
```

至此，初始设置所需的全部样式已准备就绪。随后，切换至 App.js 组件代码并构建组件树。

（5）添加 antd 样式和组件并更新 import 部分。

```javascript
import React from 'react';

import 'antd/dist/antd.css';
import './App.css';

import { Layout } from 'antd';
const { Header, Footer, Sider, Content } = Layout;
```

🛈 注意：

这里，App.css 在 antd.css 之后被导入。导入的顺序十分重要，因为它允许用户在 Ant Design 提供的内容的基础上自定义组件的样式。

（6）根据下列代码，利用更新后的模板替换组件函数。

```javascript
function App() {
  return (
    <div className="App">
```

```
      <Layout>
        <Header>Header</Header>
        <Layout>
          <Sider>Sider</Sider>
          <Content>Content</Content>
        </Layout>
        <Footer>Footer</Footer>
      </Layout>
    </div>
  );
}
```

注意：

> 读者可访问 https://ant.design/components/layout/ 查看多个布局示例。

（7）运行应用程序，对应主页如图 10.2 所示。

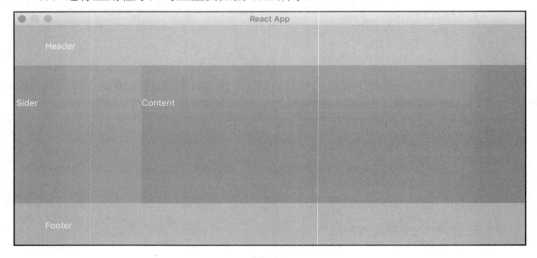

图 10.2

这可视为数字钱包应用程序的初始布局，包括标题栏、页脚栏、侧栏和主内容区域。接下来将设置个人以太坊区块链，进而基于演示数据和账户测试的应用程序。

10.4　设置个人以太坊区块链

当前，我们不需要创建真实的以太坊钱包，或注册账户以测试应用程序。本节将设

置个人以太坊区块链，以供应用程序开发使用。此外，我们还需要一些虚拟货币以测试
应用程序的工作方式，而不会将真实的货币置于风险中。

　　Ganache 工具是开发以太坊最简单的方式。Ganache 将自己定位为面向开发者的一键
式（One-Click）区块链并支持以下任务。

　　"快速启动个人以太坊区块链，并以此运行测试、执行命令和检查状态，同时控制
链的操作方式（https://www.trufflesuite.com/ganache）。"

　　读者可访问 https://www.trufflesuite.com/ganache 查看与 Ganache 工具相关的更多信息。
工具的配置过程较为直接，我们可执行下列各项步骤将其安装在本地机器上。

　　（1）访问 https://www.trufflesuite.com/ganache 网站，并查找主页上的下载按钮，如
图 10.3 所示。

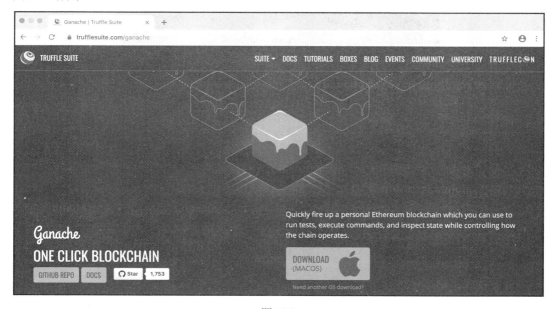

图 10.3

💡 提示：

　　不同的操作系统，可以看到不同的按钮。在当前示例中，我们将使用 macOS 选项。
此外，用户也可单击 Need another OS download?链接查看全部有效的下载项。

　　（2）运行应用程序的安装程序。对于 macOS，我们可以看到标准的安装程序，并可

将可执行文件拖曳至 Applications 文件夹中，如图 10.4 所示。

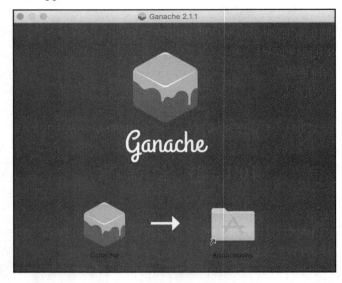

图 10.4

（3）运行应用程序。首次运行时可看到 Analytics 对话框，并询问启用/禁用应用程序分析，如图 10.5 所示。

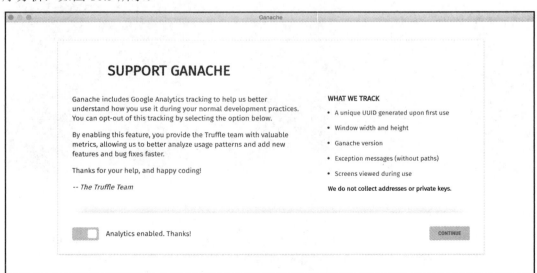

图 10.5

关于是启用分析还是完全匿名，读者可自行决定。

（4）单击 Continue 按钮，此时可看到标准的应用程序登录页面，如图 10.6 所示。

图 10.6

每次应用程序启动时，可查看 Quickstart 和 New Workspace，以确定需要执行的动作类型。当前，强烈推荐访问 Quickstart，进而实现开发和测试的一键式区块链操作。

（5）单击 QUICKSTART 按钮。随后可看到主应用程序界面以及账户列表。

ℹ️ **注意：**

读者可尝试选择其他选项、页面和对话框。此外，还可参考在线文档和示例，以进一步了解与该工具相关的更多信息，对应网址为 https://www.trufflesuite.com/docs/ganache/overview。

注意，用户将持有一些即用账户，且每个账户包含 100 个以太坊，如图 10.7 所示。

这足以构建与多个账户协同工作的数字钱包应用程序。另外，在每个账户上持有一些以太坊也有助于我们开发和测试转账功能，且不会产生任何费用。

令 Ganache 应用程序处于运行状态，并将其作为我们的一项后台服务。

接下来将学习如何启用基于以太坊支持的 Electron 应用程序。对此，首先将解释如何安装和配置 JavaScript 库，进而与以太坊协议协同工作。

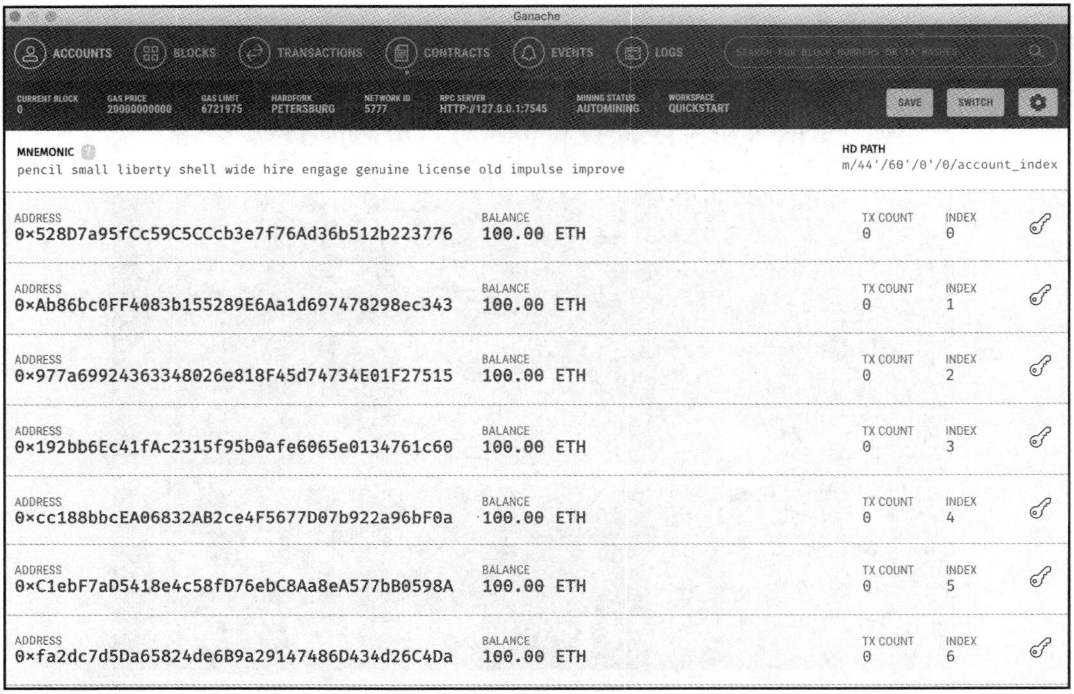

图 10.7

10.5　配置 Ethereum JavaScript API

本节将针对 Electron 应用程序设置 web3.js 库。web3.js 是一个库集合，可通过 HTTP 或 IPC 连接与本地或远程以太坊交互。读者可访问 web3.js 官方文档以查看更多信息，对应网址为 https://web3js.readthedocs.io。

💡 提示：

对 web3.js 感兴趣的读者还可访问 GitHub 存储库，对应网址为 https://github.com/ethereum/web3.js/。

接下来将学习如何针对 Electron 应用程序设置和集成 web3 库，并查看其工作方式。

（1）利用下列命令安装 web3 库。

```
npm i web3
```

（2）更新 App.js 文件，添加下列代码并导入 Web3 客户端，这将工作于本地机器上的 7545 端口。

```
import Web3 from 'web3';
const web3 = new Web3('ws://localhost:7545');

function App() {
  console.log(web3);

  return (
    <div className="App">
      <Layout>
        <Header>Header</Header>
        <Layout>
          <Sider>Sider</Sider>
          <Content>Content</Content>
        </Layout>
        <Footer>Footer</Footer>
      </Layout>
    </div>
  );
}
```

🛈 注意：

默认状态下，Ganache 运行于 7545 端口上。我们将在后续全部示例中使用该端口。当然，也可在应用程序设置中对其进行修改，以使 Ganache 运行于其他端口。

确保在文件开始处已经导入了 Web3 对象，否则将会产生运行期错误。

上述代码并未执行太多任务。这里，我们创建了一个新的客户端，并将其实例发送至控制台日志输出结果中以查看其内容。当前，我们需要确保库按照期望方式工作。

（3）运行应用程序并启用开发工具。Console 窗口中的输出结果如图 10.8 所示。

可以看到，控制台输出结果包含了基于多个属性和方法的 JavaScript 对象，这意味着，我们的 React 应用程序包含了嵌入其中的 Web3.js 库，并在启动时运行。

此时，我们可以编写基于以太坊协议的跨平台 Electron 应用程序。当前，web3 库已处于运行状态，我们可以准备针对本地运行节点进行 API 调用。

稍后将连接至本地机器上的 Ganache，并显示与当前以太坊节点相关的信息。

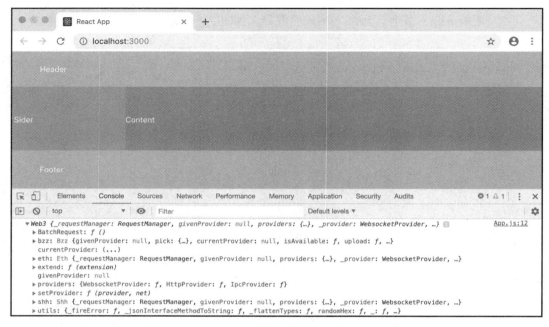

图 10.8

10.6　显示以太坊节点信息

为了测试应用程序能否通过 Ganache 服务器连接到本地运行的区块链，首先需要检索节点信息。

本节将检索某些基本信息，并在主应用程序页面的 Header 部分对其进行显示。

本节涉及以下较为重要的话题。

❑　获取与当前运行的以太坊节点相关的信息。

❑　在屏幕上向用户显示节点信息。

下面首先学习如何获取节点信息。

10.6.1　获取节点信息

在 web3 客户端实例的基础上，我们可采用下列 API 收集与当前节点相关的信息。

```
web3.eth.getNodeInfo(callback)
```

接下来考查在 React 应用程序中的工作方式。

（1）在创建了 Web3 实例之后插入下列代码。

```
const web3 = new Web3('ws://localhost:7545');
console.log(web3);

web3.eth.getNodeInfo(function(error, result) {
    if (error) {
      console.error(error);
    } else {
      console.log('result', result);
    }
});
```

（2）当运行应用程序时，控制台日志中将包含下列信息。

```
result EthereumJS TestRPC/v2.8.0/ethereum-js
```

接下来将在启动时在用户界面中显示节点信息，并对此使用 React Hooks 特性。

ℹ️ 注意：

　　关于 React Hooks 的更多信息，读者可参考官方文档，对应网址为 https://reactjs.org/docs/hooks-intro.html。

10.6.2　在 Header 中渲染节点信息

　　前述内容讨论了如何获取与本地以太坊节点相关的信息，本节将在用户界面中渲染此类信息。出于简单考虑，建议将相关信息置于 Header 区域中，以便用户可查看到所协同工作的节点。

　　下面引入 node 和 setNode React Hooks。

（1）根据下列代码更新 App.js 实现。

```
import React, { useState } from 'react';

function App() {
  const [node, setNode] = useState('Unknown Node');

  // ...
}
```

此处可采用 node 钩子显示节点的信息，或者在出现错误时显示 Unknown Node。另外，还可使用 setNode 更新节点的信息。这也是目前所采用的做法。

（2）更新 getNodeInfo 调用，如下所示。

```
web3.eth.getNodeInfo(function(error, result) {
    if (error) {
      console.error(error);
    } else {
      setNode(result);
    }
});
```

（3）切换至 Web 应用程序并查看 Header 区域，其主页面如图 10.9 所示。

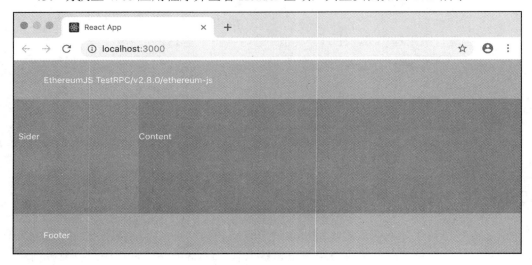

图 10.9

至此，应用程序包含了一个 Header 组件，并显示与当前以太坊节点相关的信息。这里，该节点利用 Ganache 工具加以创建。

了解了 web3.js 库的工作方式后，下面将显示以太坊节点中的账户列表。

对此，较好的做法是集成应用程序菜单，以使用户可从 Help 菜单中查看节点信息。

10.7　集成应用程序菜单

本节将执行应用程序菜单的集成操作，其间将创建一个 Help/About Node 菜单，并向渲染器进程发送 show-node-info 命令。React 应用程序将处理此类命令，并显示一个包含以太坊节点信息的警示框。稍后还将提供包含详细信息的复杂对话框。

（1）切换至 public/electron.js 文件并导入 Electron 框架中的 Menu 对象。

```
const { app, BrowserWindow, Menu } = require('electron');
```

（2）向文件中添加 Menu 代码。

```
Menu.setApplicationMenu(
  Menu.buildFromTemplate([
    {
      label: 'Help',
      submenu: [
        {
          label: 'About Node',
          click() {
            const window = BrowserWindow.getFocusedWindow();
            window.webContents.send('commands', 'show-node-info');
          }
        }
      ]
    }
  ])
);
```

其中，我们使用浏览器窗口并通过 commands 通道发送 show-node-info 负载。接下来讨论更新渲染器进程和 src/App.js 文件。

（3）根据下列代码更新 App.js 文件中的 useEffect 代码块。

```
useEffect(() => {
  // ...
  if (window.require) {
    const electron = window.require('electron');
    const ipcRenderer = electron.ipcRenderer;
    const showNodeInfo = (_, command) => {
      if (command === 'show-node-info') {
        window.alert('Node: ${node}');
      }
    }
    ipcRenderer.on('commands', showNodeInfo);
    return () => {
      ipcRenderer.off('commands', showNodeInfo);
    }
  }
}, [node]);
```

上述代码较为直观。我们访问了 ipcRenderer 并开始监听 commands 通道。在 show-node-info 负载中，代码显示了一个包含节点信息的警示框。

（4）启动 Web 服务器和 Electron 应用程序，随后即可检查 Help/About Node 菜单。

此时所显示的节点信息与应用程序在 Header 中显示的内容相同。接下来需要渲染节点中所持有的账户列表。

10.8　渲染账户列表

前述内容讨论了如何管理和配置以太坊 JavaScript 客户端，并在 Header 区域中得到了节点信息。本节将显示树形组件中的账户列表，并将其置于侧栏区域中。

读者可能已经注意到，账户名称较为冗长，且无法匹配于其专有区域。对此，我们将使侧栏在垂直方向上处于可滚动状态，并防止内容重叠，以便能够隐藏在主内容区域中。

下面将修改主应用程序样式表，并禁用侧方组件的布局溢出。

（1）更新 App.css 文件并扩展 ant-layout-sider 样式。

```css
.ant-layout-sider {
  background: #3ba0e9;
  color: #fff;
  line-height: 120px;

  overflow: hidden;
  overflow-y: scroll;
}
```

此处需要一组专用的钩子以存储账户列表。

（2）更新 App.js 文件并添加新钩子，如下所示。

```js
function App() {
  const [node, setNode] = useState('Unknown Node');
  const [accounts, setAccounts] = useState([]);

  // ...
}
```

（3）从 React 命名空间中导入 useEffect 并生成下列效果，进而从 Ganache 中加载账户列表。

```js
import React, { useState, useEffect } from 'react';
```

```
function App() {
  //...

  useEffect(() => {
    web3.eth.getAccounts(function(error, accounts) {
      if (error) {
        console.error(error);
      } else {
        setAccounts(accounts);
      }
    });
    // ...
  });
```

可以看到，我们通过 web3 库提供的 web3.eth.getAccounts API 检索账户列表。如果在 API 调用期间不存在任何错误，则可使用包含新接收值的 setAccounts 钩子。该值为一个字符串数组。

（4）从 Ant Design 库中导入 Tree 和 TreeNode 组件。

```
import { Tree } from 'antd';
const { TreeNode } = Tree;
```

ⓘ 注意：

读者可参考官方文档查看 Tree 组件示例，对应网址为 https://ant.design/components/tree/。对于包含 Tree 节点的复杂场景，还应查看组件中的 API 及其文档。

（5）利用下列代码替换 Slider 占位符代码块。

```
<Sider>
  <Tree>
    <TreeNode title="Accounts" key="accounts">
      {accounts.map(account => (
        <TreeNode key={account} title={account}></TreeNode>
      ))}
    </TreeNode>
  </Tree>
</Sider>
```

此处构建了一个 Accounts 根节点，并根据 accounts 钩子的状态，动态创建子节点。

（6）运行 Web 应用程序并查看侧栏。此时，左侧侧栏区域如图 10.10 所示。

此时，应用程序显示了一个以太坊转换列表。

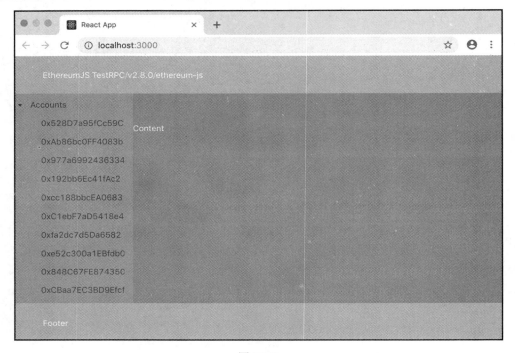

图 10.10

在展开后续讨论之前，下面将尝试改进应用程序的外观，将账户名称限制在 10 个字符之内，并在每个名称结尾添加一个椭圆标记。

（1）在组件中添加 formatAccountName 函数。

```
const formatAccountName = name => {
    if (name && name.length > 10) {
        return '${name.substring(0, 10)}...';
    }
    return 'Noname';
};
```

（2）根据下列代码更新 Tree 文件。

```
<TreeNode title="Accounts" key="accounts">
  {accounts.map(account => (
    <TreeNode
      key={account}
      title={formatAccountName(account)}
    ></TreeNode>
```

```
)))}
</TreeNode>
```

（3）当前账户列表如图 10.11 所示。

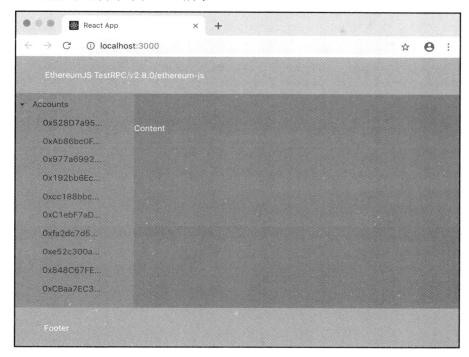

图 10.11

提示：

　　如果读者愿意，还可继续改进应用程序的观感，例如，添加包含完整账户名的工具提示栏、在标题一侧显示图标、修改元素背景的颜色，等等。

　　显示账户余额是电子钱包应用程序的另一个重要部分，稍后将对此加以讨论。

10.9　显示账户余额

　　当前，本地以太坊节点包含了一些账户，我们对账户名称的树形结构进行了管理和渲染，以便用户可在用户界面中查看全部内容。

　　由于每个账户包含不同数量的金额，因而用户应能够从应用程序中查看每个账户的余额。

在下列各项步骤中，我们将把账户树形组件与主内容区域连接起来，进而显示所选账户的余额。

（1）针对当前账户余额引入一组钩子。

```
function App() {
  const [node, setNode] = useState('Unknown Node');
  const [accounts, setAccounts] = useState([]);
  const [balance, setBalance] = useState(0);

  // ....
}
```

当获取特定账户的余额时，需要使用 web3 库中的 web3.eth.getBalance API。这意味着，需要使用一个 Tree 组件的选择处理程序，该处理程序将调用相关 API，并通过 setBalance 钩子保存对应值。

（2）在组件函数中添加 onSelectAccount 函数。

```
const onSelectAccount = keys => {
  const [account] = keys;

  if (account && account !== 'accounts') {
    web3.eth.getBalance(account).then(function(result) {
      setBalance(web3.utils.fromWei(result, 'ether'));
    });
  } else {
    setBalance(0);
  }
};
```

接下来需要将 onSelectAccount 赋予 Tree 选择事件。

（3）利用 onSelect 属性更新 Tree 组件声明。

```
<Tree onSelect={onSelectAccount}>
  <TreeNode title="Accounts" key="accounts">
    {accounts.map(account => (
      <TreeNode
        key={account}
        title={formatAccountName(account)}
      ></TreeNode>
    ))}
  </TreeNode>
</Tree>
```

当前，全部工作是向用户显示相关值。对此，可使用 Ant Design 库中的 Statistic 组件。

（4）利用下列代码导入 Statistic 组件。

```
import { Layout, Tree, Statistic } from 'antd';
```

（5）利用下列代码替换 Content 元素占位符。

```
<Content>
  <Statistic
    title="Account Balance (Eth)"
    value={balance}
    precision={2}
  />
</Content>
```

这可视为所需的最小配置量，进而获取应用程序中的金额属性。

（6）重载页面并单击账户条目项。随后，主内容区域应显示不同的账户余额，如图 10.12 所示。

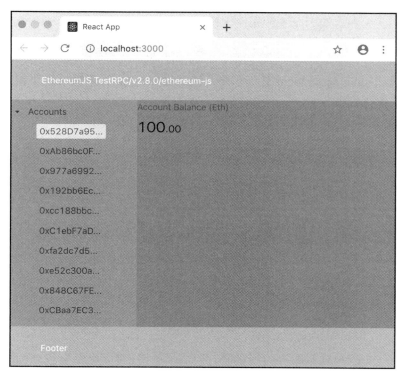

图 10.12

注意，用户可再次单击同一账户并取消选择。根据选择处理程序的实现逻辑，此时账户余额标签将恢复为 0。

在了解了如何显示账户余额后，接下来将学习转账过程的工作方式。

10.10　将以太转至另一个账户中

截至目前，侧栏中可显示一个账户列表，进而可通过选择操作查看每个账户的余额。当执行转账操作时，至少需要 3 个参数，如下所示。

❑　源账户。

❑　目标账户。

❑　转账数量。

针对于此，我们可使用 React Hooks 这一高效、快速的方法并需要至少 3 对钩子。

（1）针对每个属性引入一对 React 钩子。

```
const [account, setAccount] = useState(null);
const [targetAccount, setTargetAccount] = useState(null);
const [transferAmount, setTransferAmount] = useState(0);
```

之前已通过 onSelectAccount 处理了账户选择操作，更新该函数后还可跟踪所选账户，以便使用相关值执行事务。

（2）更新 onSelectAccount 函数，进而可设置/重置 account 状态。

```
const onSelectAccount = keys => {
    const [account] = keys;

    if (account && account !== 'accounts') {
      web3.eth.getBalance(account).then(function(result) {
        setBalance(web3.utils.fromWei(result, 'ether'));
        setAccount(account);
      });
    } else {
      setBalance(0);
      setAccount(null);
    }
};
```

此时需要一个表单收集所有的用户输入和一个按钮，进而执行事务。对此，Ant Design 提供了一切所需内容。

（3）导入下列附加组件以构建表单。

```
import { Layout, Tree, Statistic, Select, Form, Input, Button,
message } from 'antd';
```

当前，我们可以开始构建表单布局。鉴于已持有可维护的 account 状态，因而可将其在表单上方予以显示。

（4）在 Form 组件中添加下列代码。

```
<Content>
  <Statistic
    title="Account Balance (Eth)"
    value={balance}
    precision={2}
  />
  <Form style={{ width: 450 }}>
    <Form.Item>
      <Input value={account} disabled={true}></Input>
    </Form.Item>
  </Form>
</Content>
```

不难发现，我们显示了输入元素，但却阻止了用户对其进行编辑。更改该字段的唯一方式是从侧栏树形组件中选取另一个账户。

接下来的字段应允许用户选取目标账户。目前，我们应该已经持有一个支持树形组件的账户列表，因而可使用该账户列表构建拾取器组件。

（5）向 Form 组件中加入下列输入。

```
<Form.Item>
  <Select
    placeholder="Select target account"
    onChange={value => setTargetAccount(value)}
  >
    {accounts
      .filter(acc => acc !== account)
      .map(account => (
      <Select.Option key={account} value={account}>
        {account}
      </Select.Option>
    ))}
  </Select>
</Form.Item>
```

ⓘ **注意：**

目标账户不可用作源账户。每次渲染 Select 时，将从列表中过滤掉所选账户。

Form 中的第 3 个字段是数字输入，进而提供转账的数量。

（6）将 Input 组件添加到 Form 中，如下所示。

```
<Form.Item>
  <Input
    type="number"
    min="0"
    placeholder="Amount"
    value={transferAmount}
    onChange={e => setTransferAmount(e.target.value)}
  ></Input>
</Form.Item>
```

（7）向 Form 底部添加 Transfer 按钮。

```
<Button disabled={!canTransfer()} onClick={onTransferClick}>
  Transfer
</Button>
```

不难发现，按钮需要两项附加功能，即 canTransfer（控制按钮的状态）和单击事件的 onTransferClick 事件处理程序。

（8）向组件函数中添加与按钮相关的函数。

```
const canTransfer = () => {
  return account && targetAccount && transferAmount &&
transferAmount > 0;
};

const onTransferClick = () => {
  console.log('from', account);
  console.log('to', targetAccount);
  console.log('amount', transferAmount);
};
```

canTransfer 允许我们禁用按钮，除非满足下列条件。

❑　账户在侧栏中被选取。

❑　目标账户被析取。

❑　提供了非 0 值的转账数量。

关于 onTransferClick 代码，我们现在将表单值发送到控制台日志中。

（9）运行 Web 应用程序并尝试输入某些数据，保持 amount 输入为默认的 0 值。注意，此时 Transfer 按钮处于禁用状态，如图 10.13 所示。

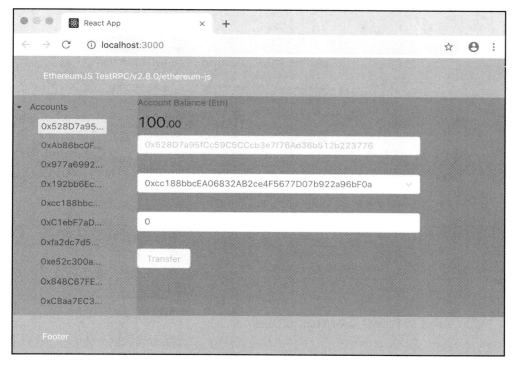

图 10.13

（10）将转账数量字段设置为非 0 值，如 5。随后 Transfer 按钮将处于启用状态，如图 10.14 所示。

提示：

用户可修改值，并查看按钮对实时输入值的反应方式。

（11）单击 Transfer 按钮，并检查浏览器的控制台日志，对应的输出结果如下。

```
from 0x528D7a95fCc59C5CCcb3e7f76Ad36b512b223776
to 0xcc188bbcEA06832AB2ce4F5677D07b922a96bF0a
amount 5
```

可以看到，单击 Transfer 按钮时将收集全部 3 个参数。随后即可实现事务功能。

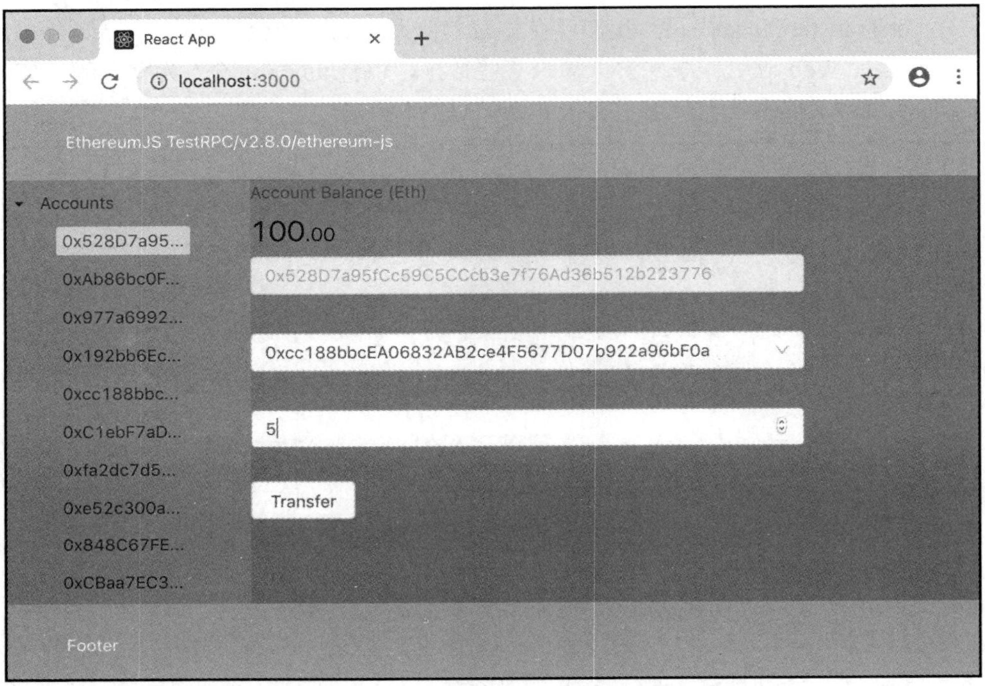

图 10.14

（12）利用下列代码替换 onTransferClick。

```
const onTransferClick = () => {
    const transaction = {
      from: account,
      to: targetAccount,
      value: web3.utils.toWei(transferAmount, 'ether')
    };
    web3.eth.sendTransaction(transaction, function(error, hash) {
      if (error) {
        console.error('Transaction error', error);
      } else {
        message.info('Successfully transferred ${transferAmount}.
Hash: ${hash}');
        onSelectAccount([account]);
        setTransferAmount(0);
      }
    });
};
```

上述代码构建了事务负载，并将数字值转换为所需的格式。随后使用 web3.eth. sendTransaction API 执行实际的交易事务，并在函数成功调用后弹出一个消息框。

最后，通过调用 onSelectAccount 处理程序重载当前账户信息。除此之外，还需要重置当前转账数量输入值，以防止用户错误地执行另一次交易事务。

（13）填写所有的表单参数，并单击 Transfer 按钮。对应的输出结果如图 10.15 所示。

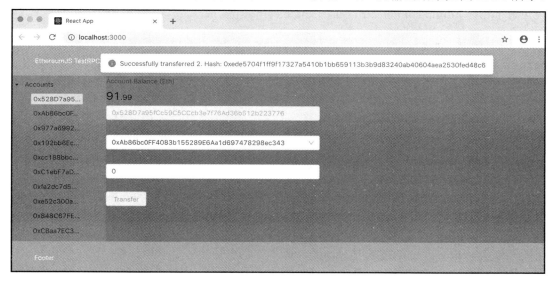

图 10.15

至此，我们成功地将一些以太转账至另一个用户。

ⓘ 注意：

关于 message 组件及其文档和相关示例，读者可访问 https://ant.design/components/ message/查看详细信息。

截至目前，我们得到了一个可正常工作的电子钱包应用程序。最后，我们将学习如何打包应用程序。

10.11　打包应用程序并发布

本节将学习如何打包应用程序以供发布。
首先安装 electron-builder 库并配置包脚本。

（1）运行下列命令并安装 electron-builder 库。

```
npm install -D electron-builder
```

ⓘ注意：

关于 electron-builder 库的更多信息、示例和文档，读者可访问其官方存储库，对应网址为 https://github.com/electron-userland/electron-builder。

（2）更新 package.json 文件并包含 pack-app 和 dist-app 脚本，此外还需要提供 homepage 地址，如下所示。

```
"homepage": "./",
"scripts": {
    "electron": "electron .",
    "start": "react-scripts start",
    "build": "react-scripts build",
    "test": "react-scripts test",
    "eject": "react-scripts eject",
    "pack-app": "electron-builder --dir -c.mac.identity=null",
    "dist-app": "electron-builder"
},
```

出于测试目的，这里将采用 pack-app 脚本。当使用--dir 开关时，Electron Builder 将生成输出结果，但并未真正对其进行打包以供产品使用。开发人员通常使用该模式测试打包机制和结构。对于产品应用，则应使用 dist-app 脚本。

目前暂时不要运行脚本，我们还需要对项目进行配置，以便针对开发目的能够使用已编译的资源（而不是地址 http://localhost:3000）进行实时重载。

（3）更新 package.json 文件，并添加 Electron 构造器配置，如下所示。

```
"build": {
    "files": [
        "build/**/*"
    ]
}
```

（4）利用下列命令安装 electron-is-dev 库。

```
npm install electron-is-dev
```

electron-is-dev 库可帮助我们检测 Electron 项目是否在开发模式下处于运行状态，或者代码是否通过打包后的应用程序被执行。

ⓘ 注意：

读者可访问 GitHub 查看 electron-is-dev 库的源代码，对应网址为 https://github.com/ sindresorhus/electron-is-dev。

（5）更新 public/electron.js 文件。

```
const { app, BrowserWindow } = require('electron');
const isDev = require('electron-is-dev');

function createWindow() {
  const win = new BrowserWindow({
    width: 800,
    height: 600,
    webPreferences: {
      nodeIntegration: true
    },
    resizable: false
  });

  win.loadURL(
    isDev
      ? 'http://localhost:3000'
      : 'index.html'
  );
}

app.on('ready', createWindow);
```

（6）更新 public/index.html 文件，并添加下列 meta 元素。

```
<meta
    http-equiv="Content-Security-Policy"
    content="script-src 'self' 'unsafe-inline';"
/>
```

（7）通过运行下列命令创建并运行应用程序包。

```
npm run build
npm run pack-app
```

对于产品应用，可能还需要运行下列命令。

```
npm run build
npm run dist-app
```

　　至此，我们已为 Electron 应用程序的发布准备了安装包。关于 Electron 构造器的更多信息，读者可访问官方存储库，对应网址为 https://github.com/electron-userland/electron-builder。

10.12　本 章 小 结

　　本章成功地创建了一个较为基础的电子钱包应用程序，并可与以太坊区块链进行通信，同时还提供了账户间的以太转账功能。现在，我们可以借助于 Ant Design 语言及其庞大的组件库构建 Electron 应用程序。

　　除此之外，我们还讨论了如何设置在多个项目间使用的本地以太坊区块链，且无须交付任何费用。读者可在 crypto-wallet 文件夹中查看最终的项目源代码，并在此基础上扩展应用程序，甚至添加更加强大的特性。

　　希望读者在阅读完本书后，能够构建由流行框架支持的各种功能的 Electron 项目。

　　在本书中，我们讨论了如何创建和打包 Electron 应用程序、窗口管理、键盘处理和本地应用程序菜单。此外还构建了多个项目，并进一步展示了 Electron 程序开发的易用性。

　　最后，希望读者利用书中的知识构建由 Web 技术和 Electron 框架支持的、功能丰富的跨平台应用程序。